高等职业教育云计算系列教材

U0162044

虚拟化技术实现与应用

史　律　薛　飞　许建铭　主　编

史海峰　张镭镭　岳国宾　副主编

聂　明　主　审

电子工业出版社

Publishing House of Electronics Industry

北京·BEIJING

内 容 简 介

本书紧扣当前云计算产业的热门适用技术，贴合云计算技术与应用专业 1+X 证书相关要求，主要内容包括虚拟化技术概况，VMware 虚拟化技术及其产品，微软虚拟化技术及其产品，KVM 开源虚拟化技术概况，KVM 中虚拟机的创建和管理，KVM 的常用命令，KVM 磁盘虚拟化技术，KVM 中镜像及快照的管理，KVM 的存储池及其使用，KVM 中的网络类型。全书理论结合实践，配套华信 SPOC 在线学习平台课程，提供全套教学视频及其他教学资源。

本书适用面广，符合高等职业院校 IT 类新专业需求，通过大量的实训环节构建云计算、大数据等专业必备的技术基础。本书也可供计算机网络技术、计算机应用技术等专业相关课程使用。

图书在版编目（CIP）数据

虚拟化技术实现与应用 / 史律，薛飞，许建铭主编. —北京：电子工业出版社，2020.12

ISBN 978-7-121-37937-6

Ⅰ．①虚…　Ⅱ．①史…　②薛…　③许…　Ⅲ．①虚拟处理机－高等学校－教材　Ⅳ．①TP338

中国版本图书馆 CIP 数据核字（2019）第 253171 号

责任编辑：程超群

印　　刷：河北鑫兆源印刷有限公司

装　　订：河北鑫兆源印刷有限公司

出版发行：电子工业出版社

　　　　　北京市海淀区万寿路 173 信箱　邮编 100036

开　　本：787×1 092　1/16　印张：16　字数：410 千字

版　　次：2020 年 12 月第 1 版

印　　次：2024 年 12 月第 9 次印刷

定　　价：49.00 元

PREFACE 前言

近几年来互联网产业飞速发展，云计算作为一种弹性 IT 资源的提供方式应运而生。通过技术发展和经验积累，云计算技术及相关产业已进入一个相对成熟的发展阶段，成为当前信息技术产业发展和应用创新的热点之一。

云计算通过资源池为客户提供计算、存储、网络三类资源，这三类资源由 IaaS 层提供。为适应国内私有云产品及云计算技术的发展要求，相关从业人员需要具备云计算系统中 IaaS 基础设施和服务的操作及运维能力，这样的能力分为两个层面：第一是对成熟的云计算私有云系统进行运维；第二是对开源系统二次开发的云计算系统进行运维。在成熟的私有云产品中，VMware 以及微软占据全球市场的较大份额。对于国内私有云市场，从 2019 年相关统计数据来看，大多为基于开源 OpenStack 二次开发的私有云产品。KVM 作为 OpenStack 中的核心虚拟化技术，与 KVM 内容相关的运维和操作成为云计算行业运维及项目实施工程人员必须掌握的核心技能之一。

在此背景下，本书的编写团队确定了教材的三大块内容，包括 VMware 虚拟化技术及其产品，微软虚拟化产品，KVM 开源虚拟化技术。特别是 KVM 开源虚拟化技术部分，是本教材的重点及核心内容，详细讲解了 KVM 中虚拟机的创建和管理、KVM 的常用命令、KVM 磁盘虚拟化技术、KVM 中镜像及快照的管理、KVM 的存储池及其使用，以及 KVM 中的网络类型。

本书紧扣当前云计算产业的热门适用技术，贴合云计算技术与应用专业 1+X 证书相关要求。全书理论结合实践，配套华信 SPOC 在线学习平台课程（www.hxspoc.cn），免费提供全套教学视频及其他教学资源，欢迎广大师生免费使用。本书适用面广，符合高等职业院校 IT 类新专业需求，通过大量的实训环节构建云计算、大数据等专业必备的技术基础。本书也可供计算机网络技术、计算机应用技术等专业相关课程使用。

本书由南京信息职业技术学院史律、江苏联合职业技术学院南京财经分院薛飞、江苏联合职业技术学院南京商业分院许建铭担任主编，南京信息职业技术学院史海峰、江苏联合职业技术学院南京财经分院张镭镭、江苏联合职业技术学院南京商业分院岳国宾担任副主编。全书由南京信息职业技术学院聂明教授担任主审。书中实训内容得到南京易霖博信息技术有限公司的大力支持。

由于时间仓促，编者水平有限，书中难免存在一些不足之处，恳请广大读者批评指正。

编 者

本书视频目录

（建议在 **WiFi** 环境下扫码观看）

序　号	视 频 文 件	序　号	视 频 文 件
1	虚拟化技术概论.mp4	21	KVM 其他特性简介.mp4
2	虚拟化知名厂商及其产品.mp4	22	KVM 常用命令.mp4
3	VMware Workstation 的安装与使用.mp4	23	KVM 磁盘虚拟化技术.mp4
4	VMware 虚拟化产品线.mp4	24	使用 qemu-img 管理虚拟磁盘 1.mp4
5	VMware Workstation 中的网络类型.mp4	25	使用 qemu-img 管理虚拟磁盘 2.mp4
6	VMware ESXi 产品的安装与使用.mp4	26	使用 qemu-img 管理虚拟磁盘 3.mp4
7	VMware vSphere 客户端连接 ESXi.mp4	27	增量镜像合并.mp4
8	Hyper-V 技术简介.mp4	28	QCOW2 镜像加密.mp4
9	Hyper-V 的安装部署.mp4	29	KVM 的快照.mp4
10	Hyper-V 的管理.mp4	30	用 virt-manager 管理快照.mp4
11	KVM 简介.mp4	31	KVM 虚拟存储.mp4
12	Linux 发行版本中的 KVM.mp4	32	向虚拟机添加卷.mp4
13	KVM 相关软件环境.mp4	33	基于目录的存储池.mp4
14	KVM 各项配置.mp4	34	基于磁盘的存储池.mp4
15	QEMU-KVM 的配置与安装.mp4	35	基于分区的存储池.mp4
16	KVM 实验环境准备.mp4	36	基于 LVM 的存储池.mp4
17	使用 virt-manager 创建虚拟机.mp4	37	Linux 中的网桥.mp4
18	使用 virt-install 创建虚拟机.mp4	38	自定义隔离的虚拟网络.mp4
19	使用 virt-manager 管理虚拟机.mp4	39	基于 NAT 的虚拟网络.mp4
20	libvirt 架构.mp4	40	KVM 支持的网络类型.mp4

CONTENTS 目录

1.1 虚拟化技术概论

1.1.1 虚拟化技术体系

虚拟化（技术）或虚拟技术（Virtualization）是一种资源管理技术，是将计算机的各种实体资源（如 CPU、内存、磁盘、网卡等）予以抽象、转换后呈现出来并可供分区、组合为一个或多个计算机配置环境，其架构图如图 1.1 所示。

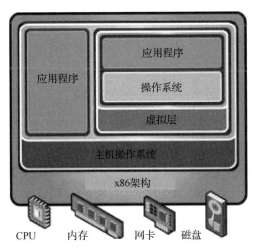

图 1.1　虚拟化架构图

1. 虚拟化技术在服务器中的应用

如图 1.2 所示，传统架构的操作系统运行在物理的实体资源（如 CPU、内存、网卡、磁盘等）之上。而虚拟化架构，相较于传统架构多了一个 Hypervisor 层，该层运行在物理的硬件之上，同时，它会虚拟出虚拟硬件，如虚拟 CPU、内存、网卡、磁盘等，操作系统安装在这些虚拟出来的硬件之上。

Hypervisor 也叫虚拟机监视器 VMM，也就是 VMMonitor。

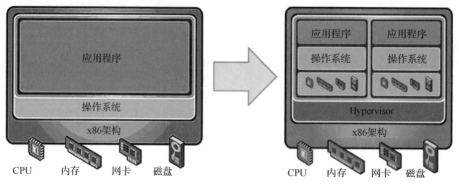

图 1.2　传统架构转虚拟化架构

2. 服务器虚拟化的三种基本类型

服务器虚拟化可以分为三种基本类型，其中第一种如图 1.3 所示，即 OS-level，也叫操作系统虚拟化，亦称容器化，这种技术将操作系统内核虚拟化，可以允许用户空间软件实例（Instances）被分区成几个独立的单元在内核中运行，而不是只有一个单一实例运行。这个软件实例，也被称为容器（Containers）、虚拟引擎（Virtualization Engine，VE）、虚拟专用服务器（Virtual Private Servers，VPS）。对每个进程的拥有者与用户来说，他们使用的服务器程序看起来就像是自己专用的。

第二种类型如图 1.4 所示，即 OS-Hosted，也叫寄居虚拟化或 II 型。

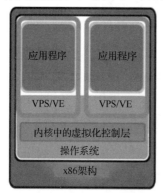

图 1.3　OS-level 代表：容器

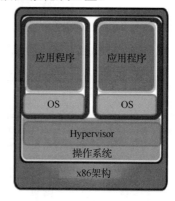

图 1.4　OS-Hosted 代表：VMware Workstation

此模型的物理资源由 Host OS（如 Windows、Linux 等）管理，实际的虚拟化功能由 VMM 提供，其通常是 Host OS 的独立内核模块（有的实现还含用户进程，如负责 I/O 虚拟化的用户态设备模型）。

第三种类型如图 1.5 所示，即 Bare-Metal，也叫裸金属型虚拟化或者类型 I，它指直接在底层硬件上安装 Hypervisor。Hypervisor 将负责管理所有的资源和对虚拟环境的支持。

该模型中，VMM 可以看作一个为虚拟化而生的完整的操作系统，掌控所有资源（如 CPU、内存、I/O 设备）。VMM 承担管理资源的重任，其还需向上提供虚拟机用于运行客户机操作系统，因此 VMM 还负责虚拟环境的创建和管理。

3. 四大主流虚拟化技术

在虚拟化的世界里有四大主流的虚拟化技术，如图 1.6 所示，其中 Xen 属于开源技术，广受业界好评，是一个开放源代码虚拟机监视器，由剑桥大学开发。

图 1.5　Bare-Metal 代表：VMware ESXi　　　　图 1.6　四大主流虚拟化技术

KVM 是一个开源的系统虚拟化模块，自 Linux 2.6.20 之后集成在 Linux 的各个主要发行版本中。它使用 Linux 自身的调度器进行管理，所以相对于 Xen，其核心源码很少。

VMware 是虚拟化的老牌厂商，也是虚拟化的先驱，总部位于美国。

Hyper-V 是微软的一款虚拟化产品，是微软第一个采用类似 VMware 和 Citrix 开源 Xen 的基于 Hypervisor 的技术。

4．虚拟化技术体系

在虚拟化技术系统中，主要有 3 个关键技术，分别是虚拟化技术、分布式数据存储技术和软件定义网络技术（Software Defined Network，SDN），其体系结构如图 1.7 所示。

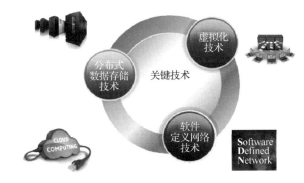

图 1.7　虚拟化技术体系

（1）虚拟化技术主要用于解决硬件资源动态共享的问题。

（2）分布式数据存储技术主要用于解决数据存储的快速响应以及可靠性问题。其主要有如下特点：

①多个元数据节点，或不存在元数据节点；

②访问接口大多支持 POSIX（Portable Operating System Interface of UNIX）；

③易部署，易扩展；

④文件存储时通常会被分片；

⑤冗余保护通常靠多副本或镜像实现；

⑥故障恢复自动化，自愈功能强大。

分布式数据存储技术主要有以下几种：

①HDFS：即 Hadoop 分布式文件系统（Hadoop Distributed File System），在离线批量处理大数据上有先天的优势。

②Ceph：它是一套高性能、易扩展的、无单点的分布式文件存储系统。

③GFS：即 Google 文件系统（Google File System），是一个可扩展的分布式文件系统，用于大型的、分布式的、对大量数据进行访问的应用。

④Gluster：它是一个开源的分布式文件系统，具有强大的横向扩展能力，通过扩展能够支持 PB 级存储容量和处理数千台客户端。

5. SDN 架构

传统架构和 SDN 架构对比如图 1.8 所示。由图 1.8 可以看出，传统架构采用的是分布式控制、分布式转发；而 SDN 架构采用的是集中式控制。

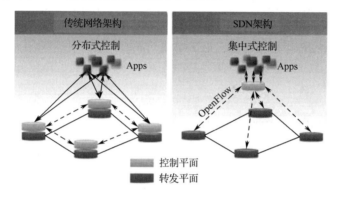

图 1.8　传统架构和 SDN 架构对比

1.1.2　SDN 技术概述

1. 与 SDN 相关的概念

（1）网络虚拟化。

与服务器虚拟化类似，网络虚拟化是为了在一个共享的物理网络资源之上创建多个虚拟网络（Virtual Network，VN），同时每个虚拟网络可以独立地部署以及管理。

（2）OpenFlow。

OpenFlow 是一种网络通信协议，属于数据链路层，能够控制网络交换机/路由器的转送平面（Forwarding Plane），借此改变网络数据包所走的网络路径。

（3）SDN 控制器。

SDN 控制器是软件定义网络中的应用程序，负责流量控制以确保智能网络管理及流量调度。SDN 控制器是基于如 OpenFlow 等协议的，允许服务器告诉交换机向哪里发送数据包。

SDN 控制器是软件定义网络的"大脑"，它将信息传递给交换机/路由器的"下方"（通过南向 API）和"上方"（通过北向 API）的应用及业务逻辑。

2. 两个主流的 SDN 控制器

OpenDaylight 是一套以社区为主导的开源框架，旨在推动创新实施以及软件定义网络透明化。目前框架开发包含了大量的参与者，如 Citrix Systems、Red Hat、Brocade、Ericsson、ClearPath、HP、NEC、Intel、华为、H3C、Juniper、中兴等。

ONOS 是首款开源的 SDN 网络操作系统，主要面向服务提供商和企业骨干网。ONOS 的设计宗旨是满足网络需求，实现可靠性强、性能好、灵活度高。目前主要的参与者包括了 AT&T、Ciena、Verizon、NTT、Ericsson、华为、NEC、Intel、富士通等。

ONOS 和 ODL 分别由运营商和厂商主导，所代表的利益不同，也就分别选择了两种不同的 SDN 演进方式。ONOS 更贴近于 SDN 诞生之初时狭义的 SDN 概念，即通过 OpenFlow 将控制平面和转发平面完全分离，网络设备只是进行转发的黑盒子，通过 SDN 控制器完成一切计算。ONOS 所选择的理念与运营商自己的利益息息相关，只有将控制能力掌握在自己手里，才能在整条产业链上逐步摆脱设备厂商的控制。

ODL 则采取了更为平缓的 SDN 演进方式，从理念上更为贴近广义的 SDN，即不局限于 OpenFlow 协议，不局限于完全将控制平面从转发设备上剥离，通过已有的网络协议将部分控制逻辑放到 SDN 控制器上。ODL 服务于设备产商，所以必须在整体设计过程中体现网络设备本身的价值。

1.2　知名厂商及其虚拟化产品

1.2.1　VMware 及 Citrix 虚拟化产品

VMware 公司成立于 1998 年，总部位于美国加利福尼亚州的 Palo Alto。该公司是全球领先的虚拟化和云基础架构提供商，为客户提供经过验证的解决方案，显著降低 IT 复杂性，实现更灵活、更敏捷的 IT 服务提供。同时，从保护现有投资和降低技术风险的角度协助客户制定虚拟化发展战略。

1. VMware 的知名产品 Workstation

VMware Workstation 属于寄居虚拟化架构，需要依赖宿主机的操作系统。确切地说，VMware Workstation 并不是云计算基础架构的产品，通常构建于现有的操作系统（Windows、Linux 或苹果的 OS X）之上，相当于操作系统上的一个应用软件。但这款应用软件很特殊，它可以帮助开发者和系统管理员进行软件开发，测试以及配置强大的虚拟机。

如图 1.9 所示是 VMware Workstation 界面。

2. VMware 的 IaaS 级产品 vSphere

vSphere 是 VMware 推出的基于虚拟化的新一代数据中心虚拟化套件，提供了 IaaS、高可用性、集中管理、监控等一整套解决方案。VMware vSphere 构建了整个虚拟基础架构，将数据中心转化为可扩展的聚合计算机基础架构。vSphere 包括了 vCenter、vSphere Client 或者 vSphere Web Client 以及 ESXi。其中，ESXi 按照 CPU 数量获得许可证授权，而 vCenter 是单独销售的。

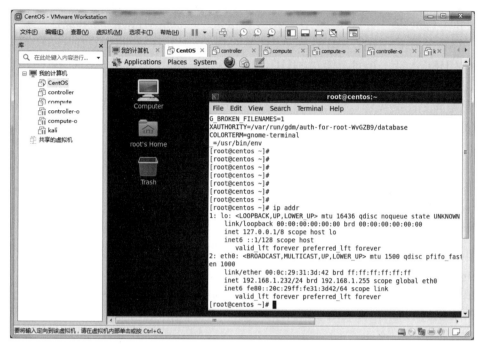

图 1.9　VMware Workstation 界面

3. Citrix 思杰概况

Citrix 即美国思杰公司，成立于 1989 年，是一家致力于虚拟化、虚拟桌面和远程接入技术领域的高科技企业。Citrix 致力于帮助企业通过利用虚拟化、网络、协作和云技术来充分适应并利用消费化趋势，从根本上转变企业拓展业务的模式。

Citrix 关于虚拟化的产品及解决方案面向不同的用户和不同的应用场景，主要有 XenServer、XenDesktop 以及 XenApp 三种，主要功能介绍如下：

（1）Citrix XenApp 是一个按需交付应用程序的解决方案，它允许在数据中心对 Windows 应用进行虚拟化、集中保存和管理，然后随时随地通过任意设备按需交付给用户。

（2）XenDesktop 是行业领先的桌面云解决方法，它是一种桌面虚拟化解决方案，支持全部桌面虚拟化技术以及 VDI（Virtual Desktop Infrastructure，虚拟桌面基础架构）。借助 Citrix HDX 技术，它可以将 Windows 桌面作为一种按需服务随时随地交付给任何用户。而且 Citrix HDX 技术优化虚拟化体验，提供接近本机的远程桌面性能，供用户访问托管的统一通信应用程序、图形密集型 3D 应用程序和其他关键业务虚拟应用程序。

（3）XenServer 是类似 VMware EXSi 的虚拟化技术，是除 VMware vSphere 外的另一种服务器虚拟化平台。其架构与 VMware 完全不同，它的核心是开源 XenHypervisor，采用了超虚拟化和硬件辅助虚拟化技术。在基于 Hypervisor 的虚拟化中，有以下两种实现服务器虚拟化的方法：

①将虚拟机产生的所有指令都翻译成 CPU 能识别的指令格式，这会给 Hypervisor 带来大量的工作负荷。

②直接执行大部分子机 CPU 指令，直接在主机物理 CPU 中运行指令，性能负担很小。

Citrix 产品标识如图 1.10 所示。

图 1.10　Citrix 产品标识

1.2.2　微软虚拟化产品 Hyper-V

Hyper-V 是微软推出的一种系统管理程序虚拟化技术，能够实现桌面虚拟化。Hyper-V 最初预定在 2008 年第一季度与 Windows Server 2008 同时发布。Hyper-V Server 2012 完成 RTM 版发布。Hyper-V 目前已经作为 Windows Server 2012 的主要部件集成在系统中，在 Windows 平台上如果部署此虚拟化组件，其他同类产品将无法部署。如图 1.11 所示是 Hyper-V 的管理界面。

图 1.11　Hyper-V 管理界面

目前 Hyper-V 已经集成在 Windows Server 和 Windows 桌面操作系统中。后续章节将详细介绍 Hyper-V。

1.2.3 国内私有云相关产品

1．华为的私有云产品线

（1）FusionSphere：华为云操作系统。

FusionSphere 是华为自主知识产权的云操作系统，集虚拟化平台和云管理特性于一身。FusionSphere 包括 FusionCompute 虚拟化引擎和 FusionManager 云管理等组件，能够为客户大大提高 IT 基础设施的利用效率，提高运营维护效率，降低 IT 成本。FusionSphere 类似 VMware 的 vSphere 解决方案。

（2）FusionCube：融合一体机。

华为 FusionCube 是一套基于融合架构的 IT 基础设施平台，其遵循开放架构标准，于 12U 机框中融合刀片服务器、分布式存储及网络交换机为一体，并预集成了分布式存储引擎、虚拟化平台及云管理软件，资源可按需调配、线性扩展。基于 FusionCube，企业新业务上线周期可从数月缩减到数天，并可按需灵活扩展，运营效率大幅提升、远超预期。

（3）FusionAccess：桌面云。

FusionAccess 桌面云是基于华为云平台的一种虚拟桌面应用。通过在云平台上部署桌面云软件，终端用户可通过瘦客户端或其他任何与网络相连的设备来访问跨平台应用程序及整个桌面。

华为私有云产品架构图如图 1.12 所示。

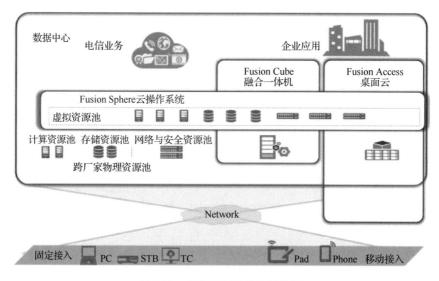

图 1.12　华为私有云产品架构图

2．华三 H3Cloud

H3Cloud 云计算解决方案涵盖了网络、云软件、计算、存储四大类产品。其五大特点如下：

（1）融合基础架构；

（2）高可用虚拟化平台；

（3）自助式云业务工作流；

（4）混合云彩虹；

（5）易交付的行业应用。

H3Cloud 云计算解决方案能够将用户内部二级云、总部云与第三方公有云进行有效融合，实现资源在用户内部的上下级互通，以及由私有云到公有云的动态扩展。

易交付的行业应用是指数据中心虚拟化之后要将原本运行在物理服务器上的应用迁移到虚拟机上的交付过程。

如图 1.13 所示是 H3Cloud 解决方案架构图。

3. 华三 H3C CAS

H3C CAS 虚拟化平台是 H3Cloud 虚拟化解决方案的重要组成部分。有别于传统的虚拟化软件，H3C CAS 基于裸金属架构，采用高性能的虚拟化内核，真

图 1.13　H3Cloud 解决方案架构图

正实现了计算、网络、存储、安全虚拟化的全面融合。它主要包括 CVK、CVM 和 CIC 三个部分。

CVK 即虚拟化内核系统，是运行在基础设施层和上层操作系统之间的"元"操作系统。

CVM 即虚拟化管理平台，主要实现对数据中心内的计算、网络和存储等硬件资源的软件虚拟化。

CIC 即云业务管理中心，由一系列云基础业务模块组成，通过将基础架构资源及其相关策略整合成虚拟数据中心资源池，并允许用户按需消费这些资源，从而构建安全的多租户混合云。

如图 1.14 所示是 H3C CAS 架构图。

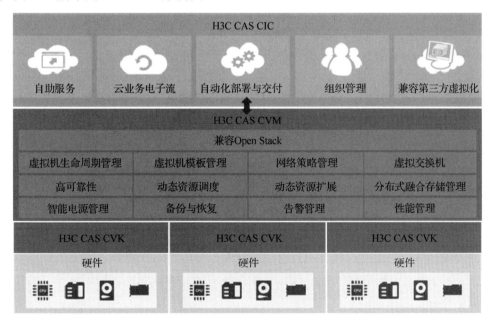

图 1.14　H3C CAS 架构图

1.2.4 知名公有云平台及相关产品简介

公有云目前在国内市场已经开始全面普及，用户对象从大型的跨国企业到中小型企业乃至个人用户。通常用户可以在公有云平台上注册账户，根据自身的需要定制计算资源，如自行选择 CPU 核心的数量、内存的大小、硬盘空间以及所用的操作系统等，定制的资源规格越高，费用也相应地越高。

以下简要介绍公有云相关厂商及其产品和服务。

（1）亚马逊（AWS）。

亚马逊的公有云服务 Amazon Web Services（AWS）是目前世界上最大的应用范围最广的公有云平台（截至 2018 年），该公有云平台于 2006 年推出，以 Web 服务的形式向企业提供IT 基础设施服务。它具有众多优良的特性，其中包括存储服务、块存储服务（EBS）、信息归档服务（Glacier）、关系型数据库服务（RDS）、NoSQL 数据库服务（DynamoDB）、缓存服务（ElastiCache）。

（2）Windows Azure。

Windows Azure 公有云服务是第一个在中国落地的国际化公有云服务平台。2012 年 11 月1 日，微软宣布与国内互联网基础设施服务提供商世纪互联达成合作，微软向世纪互联授权技术，由世纪互联在中国运营 Windows Azure。

Windows Azure 提供云基础设施即服务（IaaS）和平台即服务（PaaS）两个层面的服务。

在 IaaS 层面，Windows Azure 提供兼容主流操作系统（包括 Windows 和主流 Linux）的虚拟机；提供负载均衡服务，还可帮助用户按照自身要求构建虚拟网络拓扑；提供站到站及多站的 VPN 服务，打造可无缝迁移的混合云。

在 PaaS 层面，Windows Azure 除了提供对多种开发语言和框架的支持，还提供多种增值服务，包括媒体、身份识别、移动、Web 站点等。

Windows Azure 同样具有众多优良的特性：

①高可用性：平台设计优化，确保了 Windows Azure 在服务等级协议（SLA）中承诺的业务和数据的高可用性。

②开放平台和优良用户体验：为用户提供从开发工具到开发环境的整合式服务，让用户专心开发和运行应用，而不用担心基础设施。

③混合云支持：通过 Windows Azure 的 VPN 服务，可以把用户的私有云和公有云通过同一个虚拟网络连接起来，使得计算任务能够无缝切换。

（3）阿里云。

阿里云创立于 2009 年，是全球领先的云计算及人工智能科技公司，致力于以在线公共服务的方式，提供安全、可靠的计算和数据处理能力，让计算和人工智能成为普惠科技。阿里云服务着制造、金融、政务、交通、医疗、电信、能源等众多领域的领军企业，包括中国联通、12306、中石化、中石油、飞利浦、华大基因等大型企业客户，以及微博、知乎等明星互联网公司。在天猫双 11 全球狂欢节、12306 春运购票等极富挑战的应用场景中，阿里云保持着良好的运行纪录。

2020 年 1 月 10 日，阿里云获得国家技术发明奖、国家科技进步奖两项国家大奖。这是互联网公司首次同时荣获两大国家科技奖项，也实现了互联网公司在国家技术发明奖上零的突破。

2.1　VMware 虚拟化技术及其产品线

2.1.1　VMware Workstation 产品介绍

　　VMware Workstation（中文名"威睿工作站"）是一款功能强大的桌面虚拟计算机软件，它是 VMware 公司销售的商业软件产品之一。该工作站软件包含一个用于 Intel x86 兼容计算机的虚拟机套装，其允许用户同时创建和运行多个 x86 虚拟机。每个虚拟机可以运行其安装的操作系统，如（但不限于）Windows、Linux。用简单术语来描述就是，VMware Workstation 允许一台真实的计算机在一个操作系统中同时打开并运行数个操作系统。如图 2.1 所示是其登录界面。

图 2.1　VMware Workstation 登录界面

2.1.2　VMware Player 产品介绍

　　VMware Player（以前称为 Player Pro）是一款供个人免费使用的桌面虚拟化应用，是 VMware Workstation 的免费版，功能较 VMware Workstation Pro 简单，可免费用于个人非商业用途（VMware Workstation Pro 才能用于商业用途）。

　　2008 年 6 月 6 日，VMware 发布 VMware Player 1.0，功能较 VMware Workstation 简单，

但独立于 VMware Workstation 之外。

2015 年，VMware Workstation 发布 12 版。VMware Player 转型为 VMware Workstation 的免费版并改名为 VMware Workstation Player；VMware Workstation 的付费版定名为 VMware Workstation Pro。如图 2.2 所示是其登录界面。

1．VMware Workstation Pro 和 VMware Workstation Player 的区别

VMware Workstation Pro 相比 VMware Workstation Player，可提供快照、克隆、与 vSphere 或 vCloud Air 的远程连接、共享虚拟机、高级虚拟机设置等功能。

2．VMware Fusion

VMware Fusion 是 VMware 面向 Mac 计算机推出的一款虚拟机软件，界面如图 2.3 所示。

图 2.2　VMware Player 登录界面　　　　图 2.3　VMware Fusion 界面

2.1.3　VMware ESXi

1．VMware ESX

VMware ESX 服务器是在通用环境下分区和整合系统的虚拟主机软件。它是高级资源管理功能高效、灵活的虚拟主机平台。

ESX 服务器使用了派生自斯坦福大学开发的 SimOS 核心，该核心在硬件初始化后替换原引导的 Linux 内核。ESX 服务器 2.x 的服务控制平台（也称为"COS"或"vmnix"）是基于 Red Hat Linux 7.2 的。ESX 服务器 3.0 的服务控制平台源自一个 Red Hat Linux 7.2 的经过修改的版本——它是作为一个用来加载 VMkernel 的引导加载程序运行的，并提供了各种管理界面（如 CLI、浏览器界面 MUI、远程控制台）。

2．VMware ESXi

VMware ESXi 是一款专门构建的裸机 Hypervisor。ESXi 直接安装在物理服务器上，并将其划分为多个逻辑服务器，即虚拟机。

VMware ESXi 是 VMware vSphere 4.1 版本开始提供的服务器系统。相比 VMware ESX，ESXi 剔除了基于 Red Hat Linux 的服务控制平台，使 VMware 代理可以直接在 VMkernel 上运

行，脱离对基于 Linux 的控制台操作系统的依赖。

从 VMware vSphere 5.0 版本开始，VMware 不再提供 ESX 服务器产品，ESXi 成为 VMware 产品线中唯一一款服务器平台产品。

如图 2.4 所示是 ESX 和 ESXi 的系统结构。

图 2.4　VMware ESX 和 ESXi 的系统结构

3．VMware ESXi 的功能特性

ESXi 裸机 Hypervisor 的管理功能内置于 VMkernel 中，从而能将占用空间减少到 150MB。这大大缩小了恶意程序和网络威胁的攻击面，提高了可靠性和安全性。

vSphere ESXi 通过基于 API 的合作伙伴集成模型，使用无代理方法进行硬件监控和系统管理。管理任务通过 vSphere Command Line Interface（vCLI）和 PowerCLI 提供的远程命令行执行，而 PowerCLI 使用 Windows PowerShell cmdlet 和脚本实现自动化管理。

ESXi 体系结构的配置选项很少，部署和配置简单，比较容易保持一致的虚拟基础架构。

2.1.4　VMware vSphere

1．VMware vSphere 概述

VMware vSphere 是一整套服务器虚拟化解决方案。VMware vSphere 使用虚拟化将单个数据中心转换为包括 CPU、存储和网络资源的聚合计算基础架构。VMware vSphere 将这些基础架构作为一个统一的运行环境来管理，并提供工具来管理该环境中的数据中心。

VMware vSphere 系统架构图如图 2.5 所示。

vSphere 的两个核心组件是 ESXi 和 vCenter Server，其中，ESXi 虚拟化平台用于创建和运行虚拟机及虚拟设备；vCenter Server 服务用于管理网络和池主机资源中连接的多个主机。

2．VMware Virtual Center

VMware vCenter Server 提供一个用于管理 VMware vSphere 环境的集中式平台。vCenter 是 vSphere 产品套装中对 ESXi Server 集中管理的中心入口，vCenter 具备很多企业级应用的特征，例如 vMotion、VMware High Availability、VMware Update Manager、VMware Distributed Resource Scheduler（DRS）等，可以通过 vCenter 轻易地克隆一个已存在的 VM。因此，vCenter 是 vSphere 产品套装中另外一个极其重要的组件。

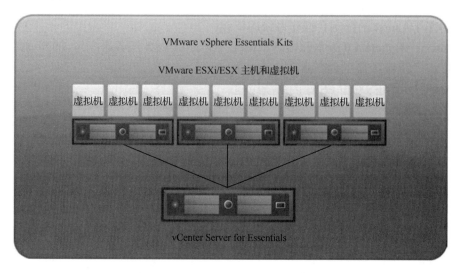

图 2.5　VMware vSphere 系统架构图

3．vSphere 管理客户端

vSphere 管理客户端是 ESXi（单主机）和 vCenter（集群）的管理软件，是用来管理虚拟平台主机和虚拟服务器的，提供给虚拟平台管理员使用。

VMware vSphere 为数据中心管理和虚拟机访问提供多种界面。这些界面包括 VMware vSphere Client（vSphere Client）、vSphere Web Client（用于通过 Web 浏览器访问）或 vSphere 命令行界面（vSphere CLI）。

2.1.5　Horizon

1．Horizon 简介

通过 VMware Horizon，IT 部门可在数据中心内运行远程桌面和应用程序，并将这些桌面和应用程序作为受管服务交付给员工。最终用户可以获得熟悉的个性化环境，并可以在企业或家庭中的任何地方访问此环境。通过将桌面数据放在数据中心，管理员可以集中进行控制并提高效率和安全性。

2．Horizon 的组件

（1）Microsoft Active Directory（活动目录）：对用户进行身份验证和管理。

（2）VMware vCenter Server：对物理主机和虚拟机进行管理。

（3）VMware Horizon View Composer：可以从单个集中式基础映像部署多个链接克隆桌面。

（4）VMware Horizon 连接服务器：充当客户端连接代理，负责执行身份验证并将传入的用户请求定向到相应的远程桌面和应用程序。

（5）VMware Horizon View Agent：可帮助实现会话管理、单点登录、设备重定向以及其他功能。

（6）VMware Horizon View ThinApp：是一种无代理的应用程序虚拟化解决方案，VMware

Horizon 通过将应用程序文件和注册表封装到单个 ThinApp 包中，之后这个软件包的部署、管理和更新与底层操作系统无关，同时消除了应用程序之间的冲突。

3．Horizon 工作流程

如图 2.6 所示为 Horizon 工作流程图。从图 2.6 中可以看出，通过各种各样的客户端，访问 Horizon 连接服务器，Horizon 连接服务器充当客户端的连接点，通过 Windows 活动目录对用户提供身份验证，并将请求定向到相应的虚拟机或服务器。

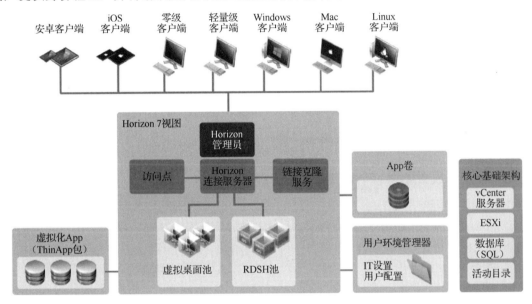

图 2.6　Horizon 工作流程图

2.2　实验　VMware Workstation 的安装与使用

1．实验目的

（1）能够学会安装 VMware Workstation；
（2）能够使用安装成功的 VMware Workstation 创建虚拟机；
（3）配置虚拟机，使之能够访问外部网络。

2．实验内容

（1）在 Windows 上面安装好 VMware Workstation；
（2）安装好 VMware Workstation 之后，安装最小化 CentOS；
（3）通过配置 CentOS 的网络，使系统能够访问外部网络。

3．实验原理

先通过 Windows 安装 VMware Workstation，再使用 VMware Workstation 作为虚拟化层虚拟出硬件资源，在虚拟出来的硬件上安装操作系统。

4．实验环境

（1）Windows 操作系统环境；

（2）在实验环境的计算机 BIOS 中提前开启 Intel 虚拟化技术；

（3）CentOS 系统镜像。

5．实验步骤

（1）下载 VMware Workstation 14 并安装。

在本步骤中，首先通过官方网站（https://www.vmware.com/products/workstation-pro/workstation-pro-evaluation.html）下载 VMware Workstation 安装包，直接双击安装包（如果弹出用户账户控制，选择允许），进入安装向导，如图 2.7 所示。单击"下一步"按钮。

选择接受许可协议中的条款，然后单击"下一步"按钮，选择安装目录，如图 2.8 所示。

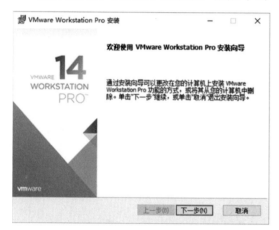
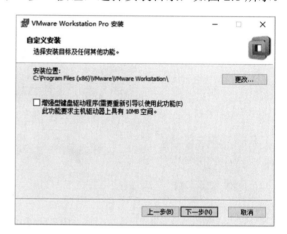

图 2.7　VMware Workstation 安装向导（1）　　　图 2.8　VMware Workstation 安装向导（2）

单击"下一步"按钮，根据情况设置用户体验。单击"下一步"按钮，选择快捷方式，如图 2.9 所示。单击"下一步"按钮。

单击"安装"按钮，开始安装进程。安装完成后，许可证可以暂时不填，如图 2.10 所示。

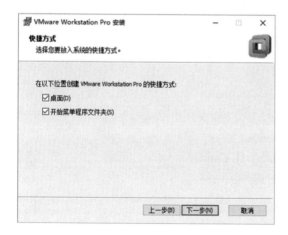
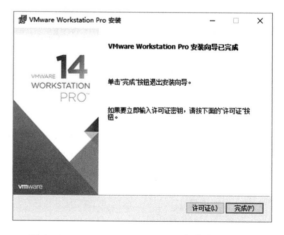

图 2.9　VMware Workstation 安装向导（3）　　　图 2.10　VMware Workstation 安装向导（4）

（2）创建一台空虚拟机。

在本步骤中，打开之前安装好的 VMware Workstation，如果没有输入许可证，可选择"我希望试用 VMware Workstation 14-30 天"单选钮，如图 2.11 所示。

图 2.11　选择试用界面

打开 VMware Workstation 界面，如图 2.12 所示。

图 2.12　VMware Workstation 界面

单击"创建新的虚拟机"按钮，打开"新建虚拟机向导"界面，如图 2.13 所示。此处应用默认选项（即选择"典型"配置），单击"下一步"按钮。

在"安装客户机操作系统"界面，选择"稍后安装操作系统"单选钮，然后单击"下一步"按钮，如图 2.14 所示。

在"选择客户机操作系统"界面，选择"Linux"和"CentOS 7 64 位"，单击"下一步"按钮，如图 2.15 所示。

在"命名虚拟机"界面，输入虚拟机名称并选择虚拟机的文件存放位置，单击"下一步"按钮，如图 2.16 所示。

图 2.13　新建虚拟机向导（1）

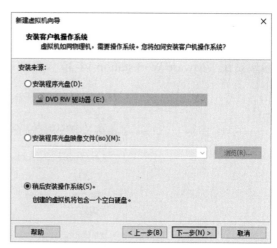

图 2.14　新建虚拟机向导（2）

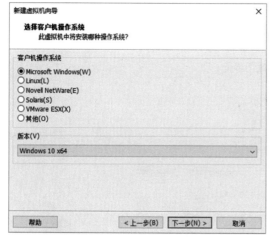

图 2.15　新建虚拟机向导（3）

图 2.16　新建虚拟机向导（4）

在"指定磁盘容量"界面，设置"最大磁盘大小"，该磁盘是精简分配，单击"下一步"按钮，如图 2.17 所示。

在"已准备好创建虚拟机"界面，单击"自定义硬件"按钮，如图 2.18 所示。

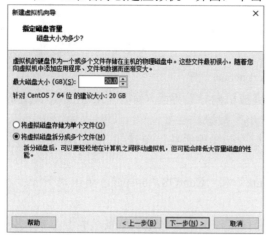

图 2.17　新建虚拟机向导（5）

图 2.18　新建虚拟机向导（6）

在打开的"硬件"对话框，根据当前计算机配置情况选择合适的硬件及数量，网络选择"NAT 模式"，并勾选相应的设备状态的复选框，完成设置后单击"关闭"按钮，如图 2.19 所示。

图 2.19　虚拟机安装向导（7）

创建好的虚拟机将出现在"我的计算机"列表中，如图 2.20 所示。

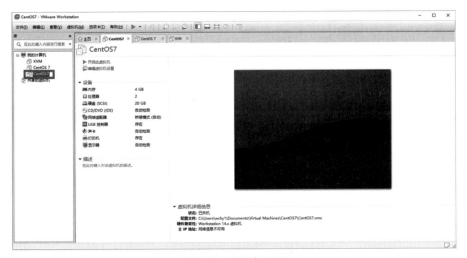

图 2.20　虚拟机界面

（3）安装 CentOS 7 操作系统。

由于前面安装的虚拟机是不包含操作系统的，接下来就要为其安装操作系统。

首先需要下载 CentOS 7 操作系统，通过国内的阿里云下载 CentOS 7 镜像（地址为 https://mirrors.aliyun.com/centos/7/isos/x86_64/，文件名为 CentOS-7-x86_64-Minimal-1804.iso）。下载完成后，选择之前创建好的虚拟机，单击"编辑虚拟机设置"命令，如图 2.21 所示。

在打开的"虚拟机设置"界面，选择"CD/DVD"选项卡，如图 2.22 所示。

ISO 映像文件对应选择前面下载的 CentOS 文件，完成后单击"确定"按钮，并启动虚拟机，选择"Install CentOS Linux 7"命令，进入系统安装界面，如图 2.23 所示。

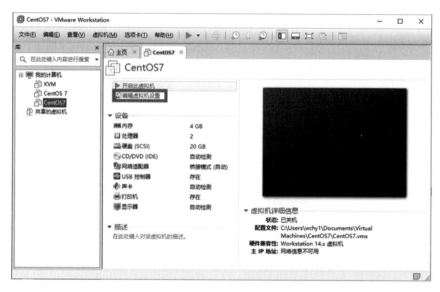

图 2.21 VMware 界面

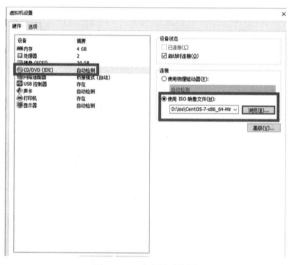

图 2.22 虚拟机设置

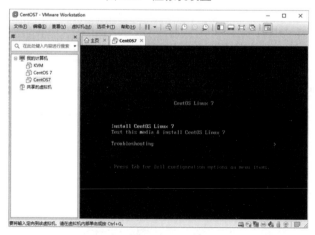

图 2.23 虚拟机安装界面（1）

打开 CentOS Linux 7 的安装欢迎向导，如图 2.24 所示。

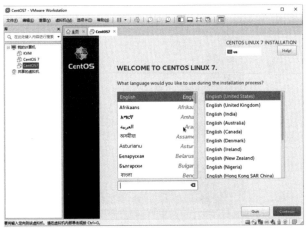

图 2.24　虚拟机安装界面（2）

此处应用默认选项，单击"Continue"按钮，进入安装汇总界面，"SOFTWARE SELECTION"选择默认设置，然后单击"INSTALLATION DESTINATION"，如图 2.25 所示。

图 2.25　虚拟机安装界面（3）

选择磁盘及自动分区，然后单击"Done"按钮，如图 2.26 所示。

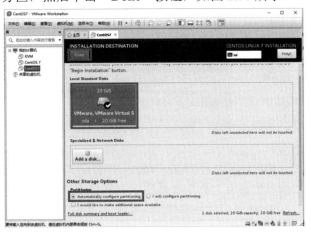

图 2.26　虚拟机安装界面（4）

完成后单击"Begin Installation"按钮，在安装界面设置 ROOT 密码，如图 2.27 所示。

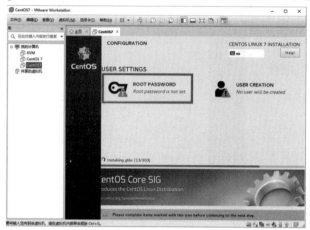

图 2.27　虚拟机安装界面（5）

输入测试密码"123456"，由于密码复杂度低，需要两次单击"Done"按钮，如图 2.28 所示。

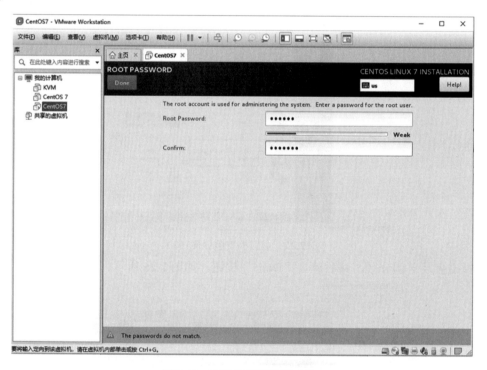

图 2.28　虚拟机安装界面（6）

然后等待安装完成。完成后单击"Reboot"按钮重启虚拟机，如图 2.29 所示。

（4）检查是否正确安装。

首先启动安装好的虚拟机，输入用户名"root"和密码"123456"，如图 2.30 所示。

登录成功后，可以通过"ip a"命令查看网卡设置情况，如图 2.31 所示；通过"vi/etc/sysconfig/network-scripts/ifcfg-ens33"命令编辑网卡的配置文件，如图 2.32 所示；选择 ONBOOT，将 ONBOOT 改为"yes"，如图 2.33 所示。

CentOS7 - VMware Workstation
CONFIGURATION
CENTOS LINUX 7 INSTALLATION
us
Help!
CentOS
USER SETTINGS
ROOT PASSWORD
Root password is set
USER CREATION
No user will be created
Complete!
CentOS Linux is now successfully installed and ready for you to use!
Reboot
Use of this product is subject to the license agreement found at /usr/share/centos-release/EULA

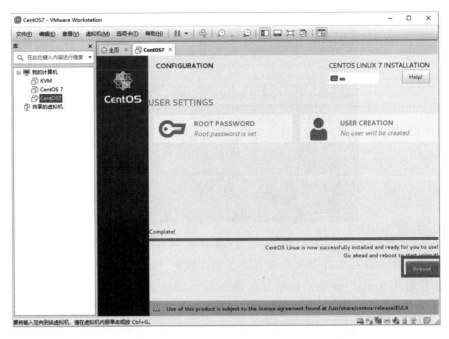

图 2.29　虚拟机安装界面（7）

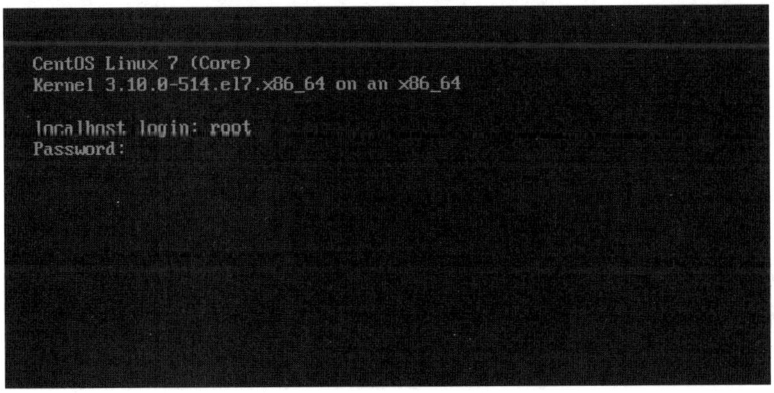

CentOS Linux 7 (Core)
Kernel 3.10.0-514.el7.x86_64 on an x86_64
localhost login: root
Password:

图 2.30　虚拟机界面（1）

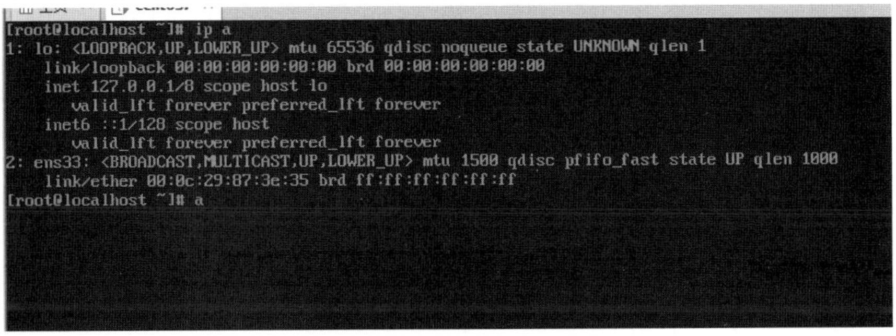

[root@localhost ~]# ip a
1: lo: <LOOPBACK,UP,LOWER_UP> mtu 65536 qdisc noqueue state UNKNOWN qlen 1
link/loopback 00:00:00:00:00:00 brd 00:00:00:00:00:00
inet 127.0.0.1/8 scope host lo
valid_lft forever preferred_lft forever
inet6 ::1/128 scope host
valid_lft forever preferred_lft forever
2: ens33: <BROADCAST,MULTICAST,UP,LOWER_UP> mtu 1500 qdisc pfifo_fast state UP qlen 1000
link/ether 00:0c:29:87:3e:35 brd ff:ff:ff:ff:ff:ff
[root@localhost ~]# a

图 2.31　虚拟机界面（2）

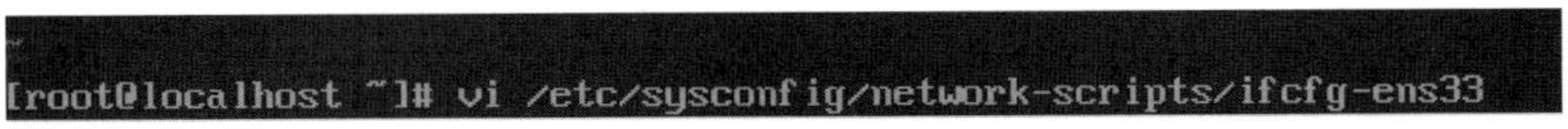

[root@localhost ~]# vi /etc/sysconfig/network-scripts/ifcfg-ens33

图 2.32　虚拟机界面（3）

```
TYPE=Ethernet
BOOTPROTO=dhcp
DEFROUTE=yes
PEERDNS=yes
PEERROUTES=yes
IPV4_FAILURE_FATAL=no
IPV6INIT=yes
IPV6_AUTOCONF=yes
IPV6_DEFROUTE=yes
IPV6_PEERDNS=yes
IPV6_PEERROUTES=yes
IPV6_FAILURE_FATAL=no
IPV6_ADDR_GEN_MODE=stable-privacy
NAME=ens33
UUID=6e163a42-1bad-4316-a2c7-d94f4739a46b
DEVICE=ens33
ONBOOT=yes
```

图 2.33　虚拟机界面（4）

　　然后按 Esc 键，输入"wq"命令保存并退出，执行"systemctl restart network"命令重启网络服务，并通过"ip a"命令查看是否有 IP 地址，如图 2.34 所示。

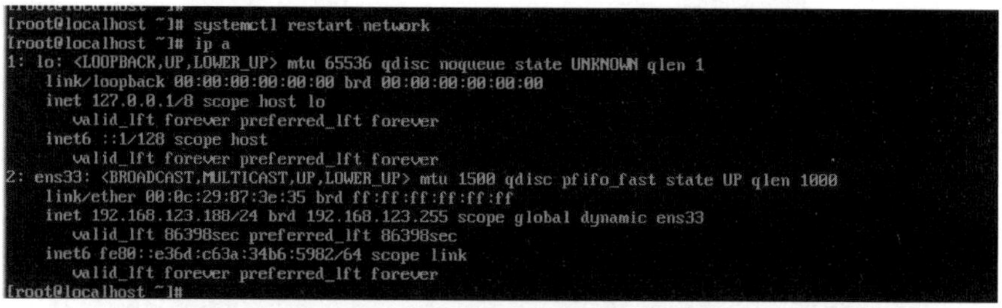

```
[root@localhost ~]# systemctl restart network
[root@localhost ~]# ip a
1: lo: <LOOPBACK,UP,LOWER_UP> mtu 65536 qdisc noqueue state UNKNOWN qlen 1
    link/loopback 00:00:00:00:00:00 brd 00:00:00:00:00:00
    inet 127.0.0.1/8 scope host lo
       valid_lft forever preferred_lft forever
    inet6 ::1/128 scope host
       valid_lft forever preferred_lft forever
2: ens33: <BROADCAST,MULTICAST,UP,LOWER_UP> mtu 1500 qdisc pfifo_fast state UP qlen 1000
    link/ether 00:0c:29:87:3e:35 brd ff:ff:ff:ff:ff:ff
    inet 192.168.123.188/24 brd 192.168.123.255 scope global dynamic ens33
       valid_lft 86398sec preferred_lft 86398sec
    inet6 fe80::e36d:c63a:34b6:5982/64 scope link
       valid_lft forever preferred_lft forever
[root@localhost ~]#
```

图 2.34　虚拟机界面（5）

　　最后通过"ping 114.114.114.114"进行测试，如果 ping 通说明网络正常，如图 2.35 所示。

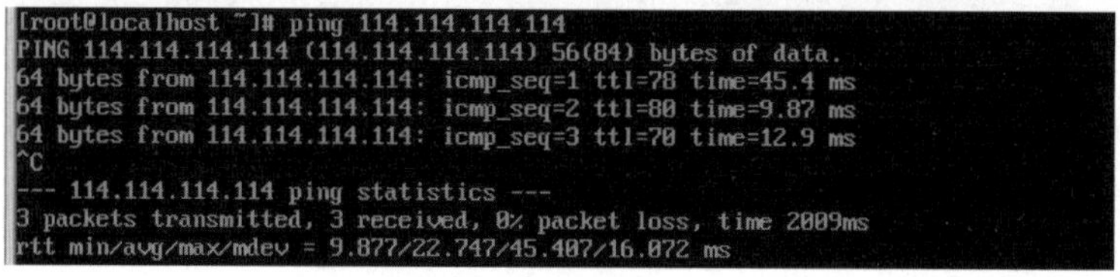

```
[root@localhost ~]# ping 114.114.114.114
PING 114.114.114.114 (114.114.114.114) 56(84) bytes of data.
64 bytes from 114.114.114.114: icmp_seq=1 ttl=78 time=45.4 ms
64 bytes from 114.114.114.114: icmp_seq=2 ttl=80 time=9.87 ms
64 bytes from 114.114.114.114: icmp_seq=3 ttl=70 time=12.9 ms
^C
--- 114.114.114.114 ping statistics ---
3 packets transmitted, 3 received, 0% packet loss, time 2009ms
rtt min/avg/max/mdev = 9.877/22.747/45.407/16.072 ms
```

图 2.35　虚拟机界面（6）

2.3　实验　VMware Workstation 中的网络类型

1．实验目的

（1）能够理解 VMware Workstation 中的三种基本网络类型；

（2）能够根据不同情况使用不同的网络类型。

2．实验内容

（1）在 VMware Workstation 中修改网络类型；

（2）分别修改为桥接模式、NAT 模式和仅主机模式；

（3）查看 CentOS 7 系统中的 IP 地址变化。

3．实验原理

利用 VMware Workstation 修改硬件可以随时生效的特性，通过更改网络类型，然后重启网络服务。由于不同的网络类型得到的网络 IP 地址是不一样的，可以通过这个特性来学习 VMware Workstation 中的网络类型。

4．实验环境

（1）Windows 操作系统环境；
（2）在 Windows 上面安装 VMware Workstation 软件；
（3）安装好 CentOS 7 操作系统的虚拟机一台。

5．实验步骤

（1）修改虚拟机网络类型为桥接模式。
首先打开 VMware Workstation，右键单击虚拟机，在弹出的快捷菜单中选择"设置"命令，编辑虚拟机设置，如图 2.36 和图 2.37 所示。

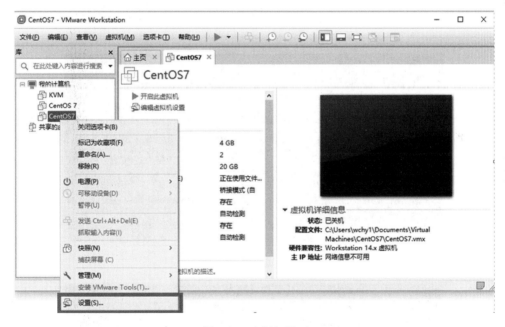

图 2.36　虚拟机界面

完成设置后单击"确定"按钮。接着启动虚拟机，如果是开机状态，则使用"systemctl restart network"命令重启网络服务，然后登录虚拟机，如图 2.38 所示。

进入虚拟机之后执行"ip a"命令，查看获取的 IP 地址，如图 2.39 所示。

同时，可以使用"tail -f /var/log/message"命令查看系统日志，可以看到 DHCP Server 的地址，如图 2.40 所示。

此时，在主机也就是正在使用的 Windows 桌面机器上，通过"开始"→"运行"→"cmd"，输入"ipconfig /all"命令，查看 IP 地址详情，如图 2.41 所示。

图 2.37 虚拟机设置

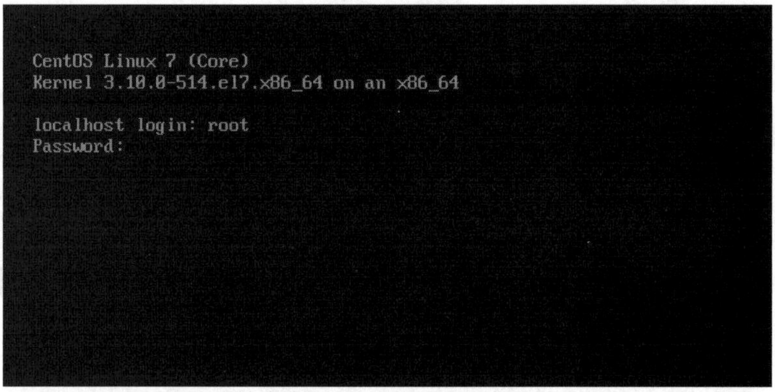

图 2.38 虚拟机登录界面

图 2.39 虚拟机界面（查看 IP 地址）

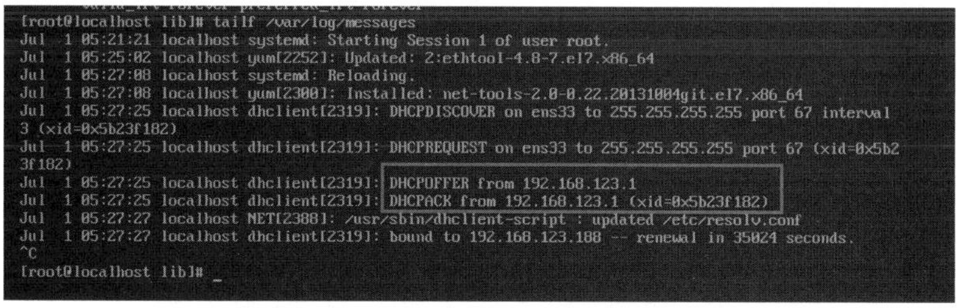

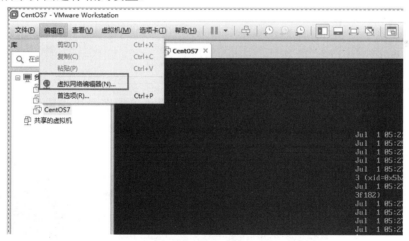

图 2.40　虚拟机界面（查看系统日志）

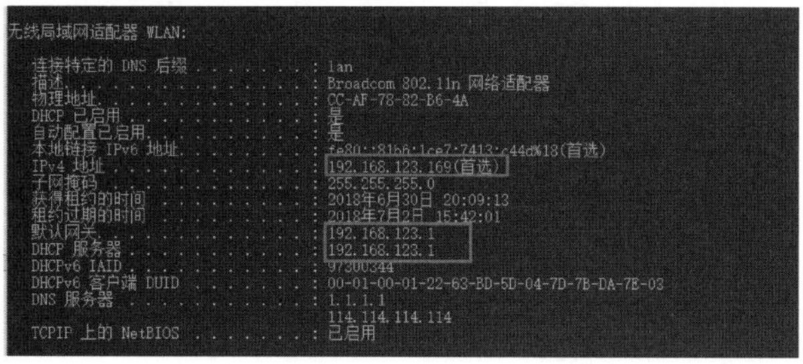

图 2.41　虚拟机界面（查看 IP 地址详情）

可以看出，虚拟机的网络 IP 地址和物理主机上的 IP 地址是同一个 DHCP Server 分配的地址。

单击 VMware Workstation 界面的"编辑"菜单，选择"虚拟网络编辑器"命令（如图 2.42 所示），在打开的"虚拟网络编辑器"界面单击"更改设置"按钮（如图 2.43 所示），在打开的如图 2.44 所示界面进行相关设置。

图 2.42　虚拟机界面

由此可见，在桥接模式下，VMware 把物理网卡和虚拟机的网卡同时绑定到一个叫作 VMnet0 的网桥上，那么 VMware 虚拟出来的操作系统就像是局域网中的一台独立的主机，它可以访问网内任何一台机器。

使用桥接模式的虚拟系统和宿主机器的关系，就像连接在同一个集线器上的两台计算机。如果你想利用 VMware 在局域网内新建一个虚拟服务器，为局域网用户提供网络服务，就可以选择桥接模式。

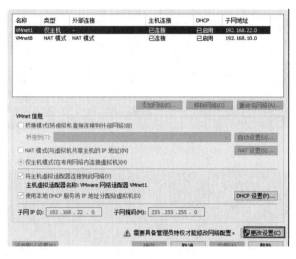

图 2.43　网络编辑界面

图 2.44　网络编辑界面

（2）修改虚拟机网络类型为 NAT 模式。

在选中的虚拟机上单击鼠标右键，在弹出的快捷菜单中选择"设置"命令，如图 2.45 所示。

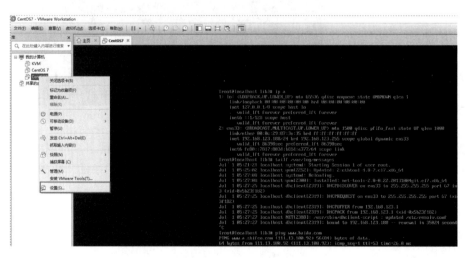

图 2.45　虚拟机界面

在打开的"虚拟机设置"对话框中，选择"NAT 模式"类型网络，如图 2.46 所示。单击"确定"按钮退出。

图 2.46　虚拟机设置

这时在虚拟机中执行"systemctl restart network"命令，然后执行"ip a"命令，如图 2.47 所示。

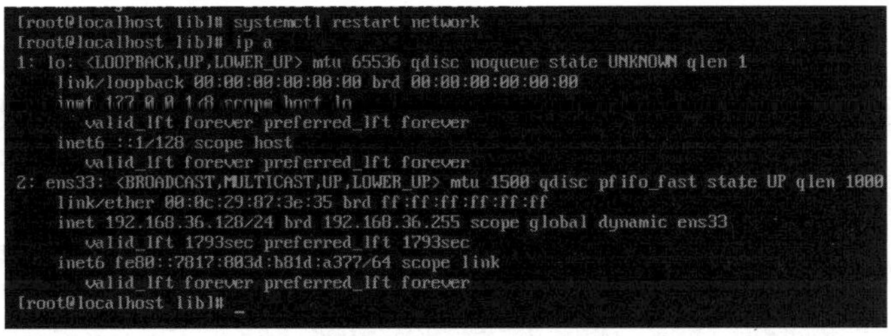

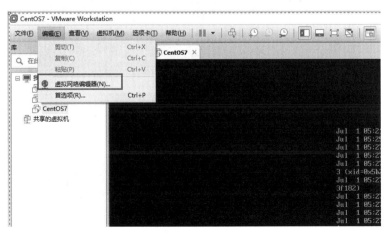

图 2.47　网络设置

可以看出，IP 地址从 192.168.123.0 网段变成 192.168.36.0 网段。单击虚拟机界面的"编辑"菜单，选择"虚拟网络编辑器"命令，如图 2.48 所示。

图 2.48　虚拟网络编辑器（1）

在打开的"虚拟网络编辑器"界面选择"VMnet8"（默认为"NAT 模式"的网桥），然后单击"更改设置"按钮，如图 2.49 和图 2.50 所示。

图 2.49　虚拟网络编辑器（2）　　　　　　图 2.50　虚拟网络编辑器（3）

把 DHCP 的地址段改为 192.168.10.0 网段，单击"确定"按钮。

在虚拟机中执行"dhcpclient －r"命令释放 IP 地址，然后执行"dhcpclient"命令获取 IP 地址，如图 2.51 所示。

```
[root@localhost lib]# dhclient -r
[root@localhost lib]# dhclient
[root@localhost lib]# ip a
1: lo: <LOOPBACK,UP,LOWER_UP> mtu 65536 qdisc noqueue state UNKNOWN qlen 1
    link/loopback 00:00:00:00:00:00 brd 00:00:00:00:00:00
    inet 127.0.0.1/8 scope host lo
       valid_lft forever preferred_lft forever
    inet6 ::1/128 scope host
       valid_lft forever preferred_lft forever
2: ens33: <BROADCAST,MULTICAST,UP,LOWER_UP> mtu 1500 qdisc pfifo_fast state UP qlen 1000
    link/ether 00:0c:29:87:3e:35 brd ff:ff:ff:ff:ff:ff
    inet 192.168.10.128/24 brd 192.168.10.255 scope global dynamic ens33
       valid_lft 1799sec preferred_lft 1799sec
    inet6 fe80::7817:803d:b81d:a377/64 scope link
       valid_lft forever preferred_lft forever
[root@localhost lib]# _
```

图 2.51　虚拟机界面（获取 IP 地址）

可以看出，IP 地址已经改变。通过"ping 114.114.114.114"测试连通性，如图 2.52 所示。

```
192.168.10.0/24 dev ens33  proto kernel  scope link  src 192.168.1
[root@localhost lib]# ping 114.114.114.114
PING 114.114.114.114 (114.114.114.114) 56(84) bytes of data.
64 bytes from 114.114.114.114: icmp_seq=1 ttl=128 time=9.35 ms
^C
--- 114.114.114.114 ping statistics ---
1 packets transmitted, 1 received, 0% packet loss, time 0ms
rtt min/avg/max/mdev = 9.353/9.353/9.353/0.000 ms
[root@localhost lib]#
```

图 2.52　虚拟机界面（测试连通性）

可以看出，可以正常连通外网，宿主机也就是 Windows 主机也可以 ping 通虚拟机，如图 2.53 所示。

图 2.53　虚拟机界面

这是因为，在宿主机的 VMware VMnet8 网卡上也有同一个网段的 IP 地址，宿主机网络配置如图 2.54 所示。

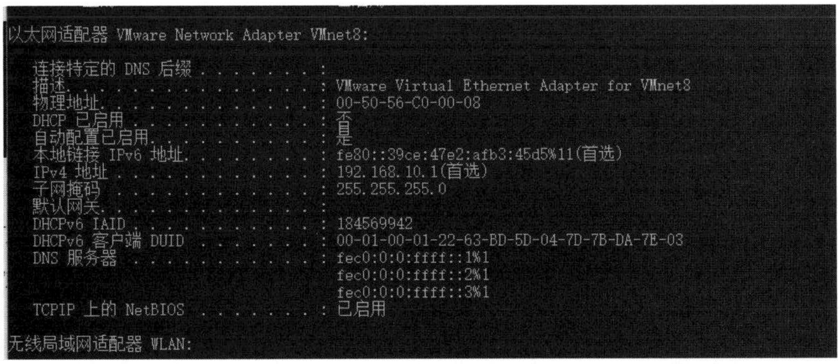

以太网适配器 VMware Network Adapter VMnet8:
连接特定的 DNS 后缀 . . . . :
描述. . . . . : VMware Virtual Ethernet Adapter for VMnet8
物理地址. . . . . : 00-50-56-C0-00-08
DHCP 已启用 . . . . : 否
自动配置已启用. . . . . : 是
本地链接 IPv6 地址. . . . . : fe80::39ce:47e2:afb3:45d5%11(首选)
IPv4 地址 . . . . : 192.168.10.1(首选)
子网掩码 . . . . : 255.255.255.0
默认网关. . . . . :
DHCPv6 IAID . . . . : 184569942
DHCPv6 客户端 DUID . . . . : 00-01-00-01-22-63-BD-5D-04-7D-7B-DA-7E-03
DNS 服务器 . . . . : fec0:0:0:ffff::1%1
fec0:0:0:ffff::2%1
fec0:0:0:ffff::3%1
TCPIP 上的 NetBIOS . . . . : 已启用
无线局域网适配器 WLAN:

图 2.54 主机网络

由此可见，使用 NAT 模式，是把虚拟机的网卡和宿主机的虚拟网卡绑定到一个叫作 VMnet8 的网桥上，然后在 VMnet8 上启用虚拟 DHCP 和虚拟 NAT 服务，实现 IP 地址分配和路由。这样可以让虚拟系统借助 NAT（网络地址转换）功能，通过宿主机所在的网络来访问公网。这种方式也可以实现 Host OS 与 Gucst OS 的双向访问，但网络内其他机器不能访问 Guest OS。

（3）修改虚拟机网络类型为仅主机模式。

在选中的虚拟机上单击鼠标右键，在弹出的快捷菜单中选择“设置”命令，在打开的“虚拟机设置”界面选择“仅主机模式”网络，然后单击“确定”按钮，如图 2.55 和图 2.56 所示。

在虚拟机中执行“dhcpclient －r”命令释放 IP 地址，然后再执行“dhcpclient”命令获取 IP 地址，之后用“ip a”命令查看 IP 地址，如图 2.57 所示。

CentOS7 - VMware Workstation
文件(F) 编辑(E) 查看(V) 虚拟机(M) 选项卡(T) 帮助(H)
库
在此处键入内容进行搜索
我的计算机
KVM
CentOS 7
共享的
主页
CentOS7
关闭选项卡(B)
标记为收藏项(F)
重命名(A)...
移除(R)
电源(P)
可移动设备(D)
暂停(U)
发送 Ctrl+Alt+Del(E)
抓取输入内容(I)
快照(N)
捕获屏幕 (C)
管理(M)
安装 VMware Tools(T)...
设置(S)...

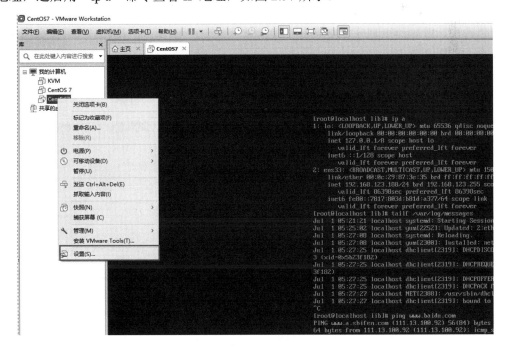

图 2.55 虚拟机界面

图 2.56　虚拟机设置

```
[root@localhost lib]# ip a
1: lo: <LOOPBACK,UP,LOWER_UP> mtu 65536 qdisc noqueue state UNKNOWN qlen 1
    link/loopback 00:00:00:00:00:00 brd 00:00:00:00:00:00
    inet 127.0.0.1/8 scope host lo
       valid_lft forever preferred_lft forever
    inet6 ::1/128 scope host
       valid_lft forever preferred_lft forever
2: ens33: <BROADCAST,MULTICAST,UP,LOWER_UP> mtu 1500 qdisc pfifo_fast state UP qlen 1000
    link/ether 00:0c:29:87:3e:35 brd ff:ff:ff:ff:ff:ff
    inet 192.168.22.128/24 brd 192.168.22.255 scope global dynamic ens33
       valid_lft 1799sec preferred_lft 1799sec
    inet6 fe80::7817:803d:b81d:a377/64 scope link
       valid_lft forever preferred_lft forever
[root@localhost lib]#
```

图 2.57　虚拟机界面

可以看出，IP 地址变成了 192.168.22.128。然后单击 "编辑" 菜单，选择 "虚拟网络编辑器" 命令，如图 2.58 所示。

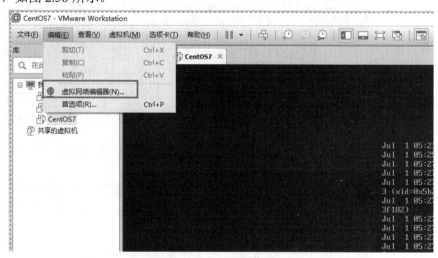

图 2.58　VMware 界面

在打开的 "虚拟网络编辑器" 界面中单击 "更改设置" 按钮，如图 2.59 和图 2.60 所示。

图 2.59　虚拟网络编辑器（1）

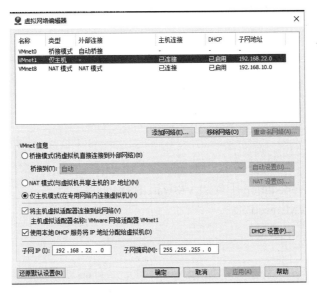

图 2.60　虚拟网络编辑器（2）

在主机上 ping 虚拟机，并且执行 "ipconfig /all" 命令查看网卡信息，如图 2.61 所示。宿主机网络配置如图 2.62 所示。

图 2.61　查看网卡信息

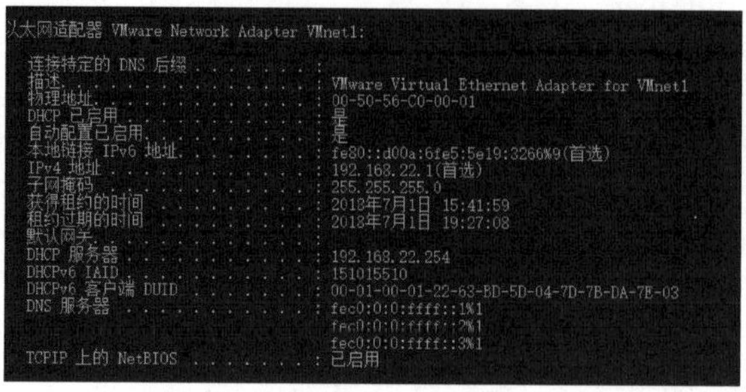

```
以太网适配器 VMware Network Adapter VMnet1:

   连接特定的 DNS 后缀 . . . . . . . :
   描述. . . . . . . . . . . . . . . : VMware Virtual Ethernet Adapter for VMnet1
   物理地址. . . . . . . . . . . . . : 00-50-56-C0-00-01
   DHCP 已启用 . . . . . . . . . . . : 是
   自动配置已启用. . . . . . . . . . : 是
   本地链接 IPv6 地址. . . . . . . . : fe80::d00a:6fe5:5e19:3266%9(首选)
   IPv4 地址 . . . . . . . . . . . . : 192.168.22.1(首选)
   子网掩码 . . . . . . . . . . . . : 255.255.255.0
   获得租约的时间 . . . . . . . . . : 2018年7月1日 15:41:59
   租约过期的时间 . . . . . . . . . : 2018年7月1日 19:27:08
   默认网关. . . . . . . . . . . . . :
   DHCP 服务器 . . . . . . . . . . . : 192.168.22.254
   DHCPv6 IAID . . . . . . . . . . . : 151015510
   DHCPv6 客户端 DUID . . . . . . . : 00-01-00-01-22-63-BD-5D-04-7D-7B-DA-7E-03
   DNS 服务器 . . . . . . . . . . . : fec0:0:0:ffff::1%1
                                       fec0:0:0:ffff::2%1
                                       fec0:0:0:ffff::3%1
   TCPIP 上的 NetBIOS . . . . . . . : 已启用
```

图 2.62　宿主机网络配置

可以看出，在仅主机模式下，网络使用的是 VMnet1 网桥，并且把虚拟机的网卡和主机上面的 VMware VMnet1 虚拟网卡绑定到 VMnet1 的网桥上面，实现 Host OS 和 Guest OS 互通。

在仅主机模式中，所有的虚拟系统是可以相互通信的，但虚拟系统和 Host OS 所在的网络是被隔离开的。

2.4　实验　VMware ESXi 产品的安装与使用

1. 实验目的

（1）了解 VMware ESXi 产品的功能；

（2）能够安装 VMware ESXi 产品；

（3）能够使用 VMware ESXi 产品。

2. 实验内容

（1）在 VMware Workstation 上安装 VMware ESXi 产品；

（2）安装后配置 VMware ESXi。

3. 实验原理

（1）由于 VMware ESXi 支持在 VMware Workstation 上安装，所以我们使用 VMware Workstation 来安装 VMware ESXi 产品；

（2）安装完 VMware ESXi 产品后，通过 VMware Workstation 的控制台来配置 VMware ESXi。

4. 实验环境

（1）Windows 操作系统环境；

（2）需要安装 VMware Workstation；

（3）需要准备 VMware-VMvisor-Installer-6.5.0-4564106.x86_64 镜像；

（4）创建的虚拟机 CPU 必须支持虚拟化，如 Intel（VT-X）或者 AMD（AMD-V）；

（5）虚拟机内存必须在 2GB 以上，硬盘容量大于 40GB。

5．实验步骤

（1）下载 VMware EXSi 的安装包。

在本步骤中，首先打开 VMware 的官方网站 https://my.VMware.com/cn /web/VMware/info/slug/datacenter_cloud_infrastructure/VMware_vsphere/6_7/，打开链接之后，转到 VMware ESXi 的产品界面，目前最新版本是 VMware vSphere Hypervisor（ESXi）6.7，但是需要注册账号才可以下载。本次安装使用的是 ESXi 6.5 的安装包。

（2）创建空虚拟机，在虚拟机里面安装 ESXi。

按照前面的介绍，打开 VMware Workstation，创建一台空虚拟机，也就是不包括操作系统的虚拟机。选择操作系统类型的时候可以选择 VMware ESXi，如图 2.63 所示。

图 2.63　虚拟机安装向导

创建完成后，选中新创建的空虚拟机，单击"编辑虚拟机设置"命令，如图 2.64 所示。

图 2.64　VMware 界面

打开"虚拟机设置"对话框，在左侧设备列表中选择"CD/DVD(IDE)"，在右侧选择"使用 ISO 镜像文件"单选钮，选中安装镜像，安装镜像的全名为 VMware-VMvisor-Installer-6.5.0-

456410 6.x86_64。选择好之后单击"确定"按钮，这样就挂载好 VMware ESXi6.5 的镜像了，如图 2.65 所示。

图 2.65　虚拟机设置

接下来将刚刚创建的虚拟机开机，自动进入安装启动界面，如图 2.66 所示。选择第一项进行安装。

图 2.66　安装启动界面

之后进入加载界面，如图 2.67 所示。

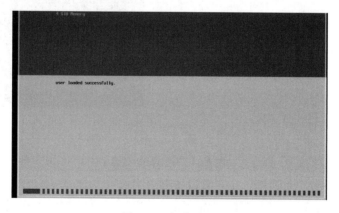

图 2.67　加载界面

等待加载完毕，进入安装界面，如图 2.68 所示。按 Enter 键选择"Continue"继续安装，进入用户许可界面，如图 2.69 所示。

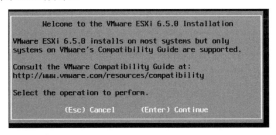

图 2.68　安装界面

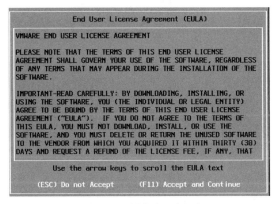

图 2.69　用户许可界面

按 F11 键同意用户许可协议，进入磁盘选择界面，如图 2.70 所示，此处选择默认的磁盘配置即可。按 Enter 键继续安装，进入键盘向导界面，如图 2.71 所示，使用上下键选择"US Default"，然后按 Enter 键继续安装。

图 2.70　磁盘选择界面

图 2.71　键盘向导界面

进入密码输入界面，如图2.72所示。设置"root"密码为"12345678"，输入两遍密码后，按Enter键继续安装。

图2.72　密码输入界面

进入确认安装界面，如图2.73所示。按F1键确认安装，接下来等待安装完成，如图2.74所示。

图2.73　确认安装界面

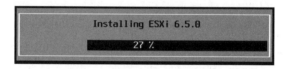

图2.74　等待安装完成界面

安装完成后要求重启，如图2.75所示，按Enter键选择重启。

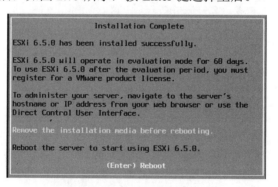

图2.75　安装完成界面

至此，VMware ESXi服务器安装完成，接下来需要配置服务器。

（3）配置VMware ESXi服务器。

在安装好的VMware ESXi重启之后，可以看到VMware ESXi界面，如图2.76所示。

按F2键进入定制化系统，进入定制化系统界面前需先进行认证，如图2.77所示。输入密码"12345678"，进入定制化系统界面。在左侧栏使用上下键选择"Configure Management Network"，按Enter键，如图2.78所示。

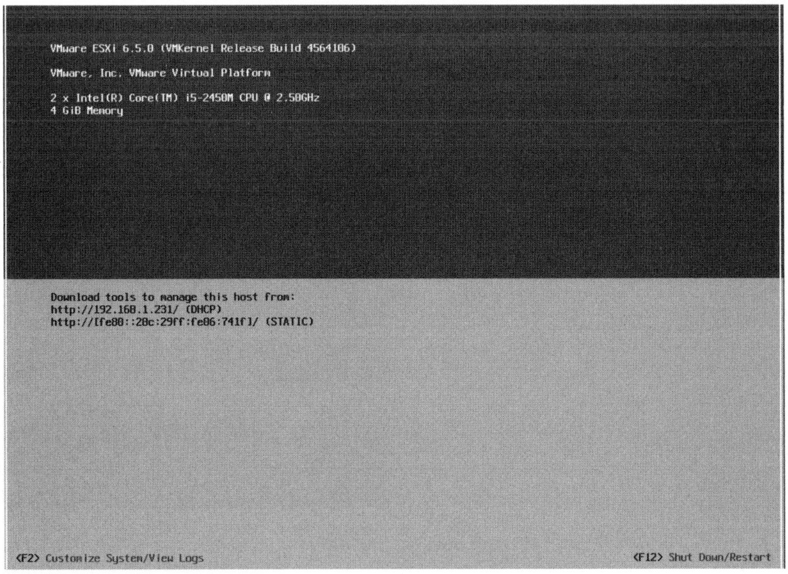

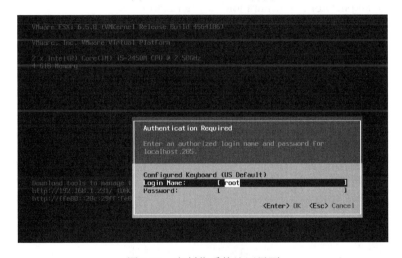

图 2.76　VMware ESXi 界面

图 2.77　定制化系统认证界面

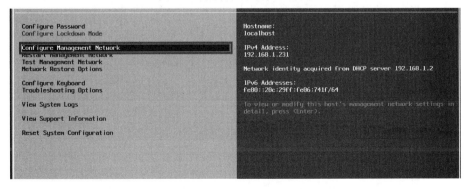

图 2.78　定制化系统界面

进入网络配置界面，在左侧栏使用上下键选择"IPv4 Configuration"，按 Enter 键，如图 2.79 所示。

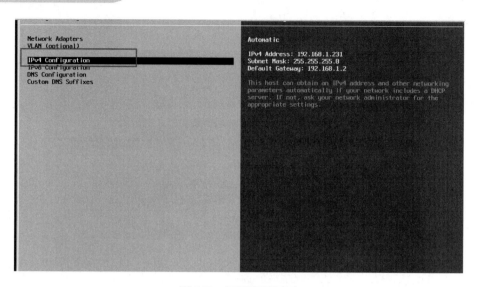

图 2.79　网络配置界面

进入 IP 地址配置界面，根据实验情况配置 IP 地址，建议配置成静态 IP 地址，选择"Set static IPv4 address and network configuration"，如图 2.80 所示。

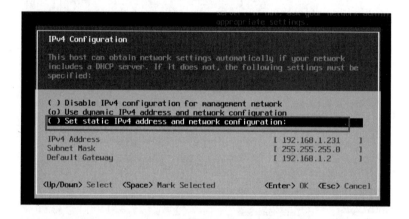

图 2.80　设置 IPv4 静态地址

按空格键选中，并为服务器配置合适的 IP 地址、子网掩码和默认网关。接下来按 Enter 键确认配置，根据提示按 Y 键重启网络，如图 2.81 所示。

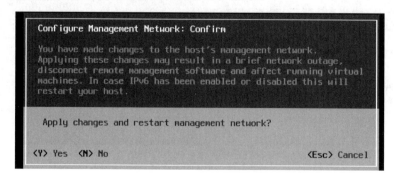

图 2.81　重启网络

　　至此，VMware ESXi 的服务器已经配置好了。接下来可以通过 IP 地址或者 vSphere Client 访问该服务器。

2.5　实验　VMware vSphere 客户端连接 ESXi

1．实验目的

（1）熟练使用 vSphere Web Client 管理服务器；
（2）能够使用 vSphere Web Client 上传镜像；
（3）能够使用 vSphere Web Client 创建虚拟机。

2．实验内容

（1）使用 VMware vSphere Web Client 连接远程服务器；
（2）连接到服务器之后，查看服务器各项功能；
（3）使用 VMware vSphere Web Client 上传镜像，创建虚拟机。

3．实验原理

　　vSphere Web Client 作为 vSphere Client 管理工具客户端，该工具会首先连接 vSphere ESXi 服务器，连上服务器后，vSphere Client 会提供可完成很多功能的图形化界面，最终会调用 vSphere ESXi 接口来执行。

4．实验环境

（1）需要 Windows 操作系统环境并已安装浏览器软件；
（2）需要在 Windows 上面安装好 VMware Workstation；
（3）在 VMware Workstation 中安装好 VMware ESXi 虚拟机；
（4）配置好 VMware ESXi 使之能够访问。

5．实验步骤

（1）使用 vSphere Web Client。
关于 vSphere Client，vSphere 有 2 种客户端：
一种是在 Windows 上运行的，叫 vSphere C#Client（因为是用 C#写的），这个客户端已经很久没更新了，不支持 VMware ESXi 6.5 及以上的版本。
另一种基于浏览器的客户端 vSphere Web Client，目前功能最全。由于本次实验使用的是 VMware ESXi 6.5，所以我们使用 vSphere Web Client。
打开浏览器，在地址栏输入 VMware ESXi 的服务器地址，如图 2.82 所示。
由于默认使用的是 https 连接，所以需要添加信任。单击"详细信息"，然后单击"继续转到网页"，如图 2.83 所示。在其他浏览器的操作与此类似。

图 2.82　访问界面

图 2.83　继续访问界面

进入登录界面，如图 2.84 所示。输入用户名"root"和密码"12345678"，单击"登录"按钮。

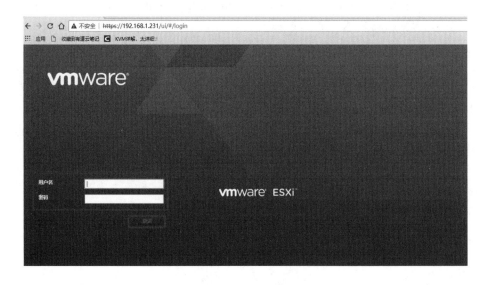

图 2.84　登录界面

进入 Web Client 界面，如图 2.85 所示。在主界面右侧界面拖动上下滚轮可以看到 VMware ESXi 服务器的硬件等信息，如图 2.86 所示。

图 2.85　Web Client 界面

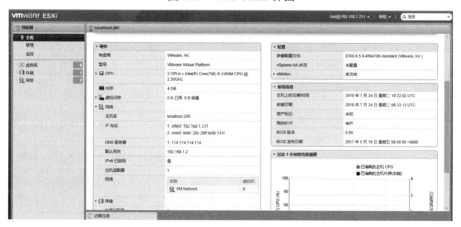

图 2.86　硬件信息

单击左侧栏的"存储"选项，可以看到存储资源，如图 2.87 所示。

图 2.87　存储资源界面

单击左侧栏的"网络"选项，可以看到网络资源，如图 2.88 所示。

图 2.88　网络资源界面

默认会有一个 vSwitch0 虚拟机交换机，该交换机有两个端口组：一个是 VM Network，也就是虚拟机的出口流量；另一个是 Management Network，也就是管理网的流量。单击"vSwitch0"后，可以查看其拓扑，如图 2.89 所示。

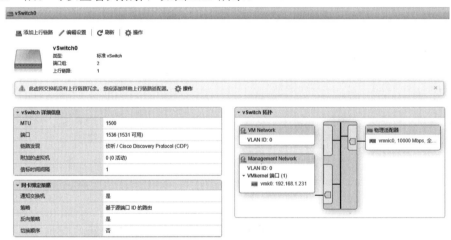

图 2.89　虚拟交换机的网络拓扑

图 2.89 中的上行链路就是虚拟交换机和服务器物理网口绑定的链路。虚拟机的网卡通过 VM Network 端口组绑定到 vSwitch，然后通过上行链路转发出物理服务器。端口组可以设置 VLAN ID。

单击左侧栏的"监控"选项，可以查看物理机的监控信息，如图 2.90 所示。

（2）使用 vSphere Web Client 创建虚拟机。

在打开的 VMware Web Client 界面的左侧栏中单击"虚拟机"，然后在右侧界面中单击"创建/注册虚拟机"命令，如图 2.91 所示。弹出"新建虚拟机"对话框，在"选择创建类型"界面中选择创建类型为"创建新虚拟机"，单击"下一页"按钮，如图 2.92 所示。

在打开的"选择名称和客户机操作系统"界面，可以自定义名称，兼容性默认即可，操作系统选择"Linux"，操作系统版本根据实际情况选择。选择完成后，单击"下一页"按钮，如图 2.93 所示。

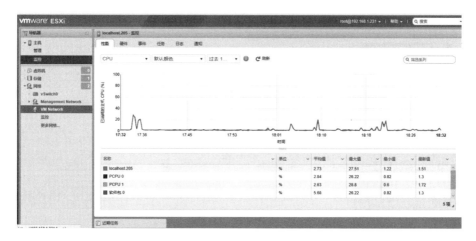

图 2.90　监控界面

图 2.91　创建虚拟机

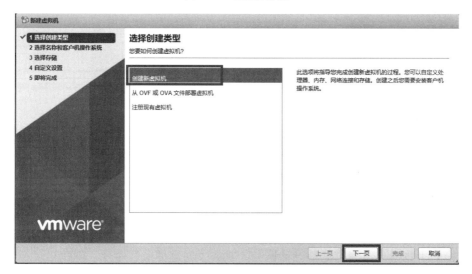

图 2.92　"选择创建类型"界面

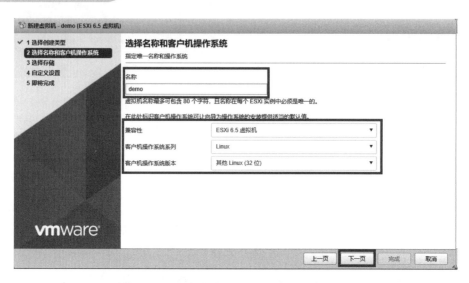

图 2.93　"选择名称和客户机操作系统"界面

在"选择存储"界面，如果对接了外部存储，可以选择外部存储，这里选择默认的本地存储，然后单击"下一页"按钮，如图 2.94 所示。

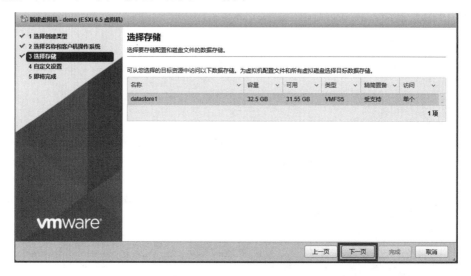

图 2.94　"选择存储"界面

进入"自定义设置"界面，根据硬件调整 CPU、内存、硬盘等，在"CD/DVD 驱动器 1"中选择"主机设备"，单击"下一页"按钮，如图 2.95 所示。

在"即将完成"界面中列出了所有前面进行的设置，确认无误后，单击"完成"按钮即完成安装过程，如图 2.96 所示。

由于没有上传操作系统镜像，下面开始上传镜像。在左侧栏单击"存储"选项，在右侧界面单击"数据存储浏览器"命令，如图 2.97 所示。

在弹出的"数据存储浏览器"对话框中，单击"创建目录"命令，创建目录 images，如图 2.98 所示。

单击"上载"命令，选择 core-9.0.iso 镜像文件，右上角出现上载进度条，如图 2.99 所示。

图 2.95　"自定义设置"界面

图 2.96　"即将完成"界面

图 2.97　单击"数据存储浏览器"

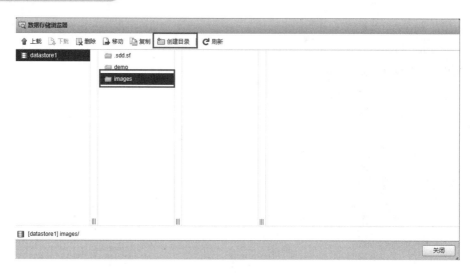

图 2.98　创建目录

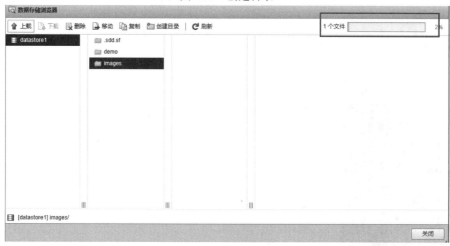

图 2.99　上载镜像

上传完成后，在虚拟机界面中出现新创建的虚拟机。右键单击该虚拟机，在弹出的快捷菜单中选择"编辑设置"命令，修改虚拟机的光驱配置，如图 2.100 所示。

图 2.100　选择"编辑设置"

在弹出的"编辑设置"对话框中修改光驱，选择"CD/DVD 驱动器 1"为"数据存数 ISO 文件"，勾选"打开电源时连接"复选框，在"CD/DVD 介质"处选择刚刚上传的镜像文件，如图 2.101 所示。然后单击"保存"按钮。

图 2.101　安装向导

为虚拟机开机，出现如图 2.102 所示界面，表示虚拟机创建成功，下面正常安装操作系统即可。

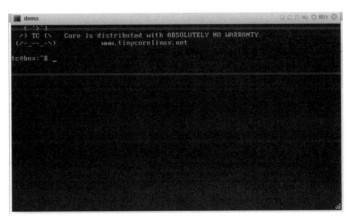

图 2.102　虚拟机界面

至此，VMware vSphere Client 的使用已经学习完毕。

第 3 章

微软虚拟化技术及其产品

3.1 微软虚拟化产品

2008 年，随着微软 Virtualization（虚拟化技术）的正式推出，微软已经拥有了从桌面虚拟化、服务器虚拟化到应用虚拟化、展现层虚拟化的完备的产品线。至此，其全面出击的虚拟化战略已经完全浮出水面。因为，在微软眼中虚拟化绝非简单地加固服务器和降低数据中心的成本。它还意味着帮助更多的 IT 部门最大化 ROI，并在整个企业范围内降低成本，同时强化业务持续性。这也是微软为什么研发了一系列的产品，用以支持整个物理和虚拟基础架构的原因。

3.1.1 Hyper-V 简介

Hyper-V 是微软的一款虚拟化产品，是微软第一个采用类似 VMware 和 Citrix 开源 Xen 的基于 Hypervisor 的技术。这也意味着微软会更加直接地与市场先行者 VMware 展开竞争，但竞争的方式会有所不同。

Hyper-V 能够实现桌面虚拟化。Hyper-V 最初在 2008 年第一季度与 Windows Server 2008 同时发布。Hyper-V Server 2012 完成 RTM 版发布。

1. Hyper-V 技术历史

某些 x86-64 版本的 Windows Server 2008 附带了测试版 Hyper-V。最终版本于 2008 年 6 月 26 日发布，并通过 Windows Update 提供。之后 Hyper-V 已经与每个版本的 Windows Server 一起发布。可以右击任务栏→启动任务管理器→性能，在打开的"任务管理器"对话框"性能"选项卡查看当前系统是否支持 Hyper-V，如图 3.1 所示。

微软通过两个渠道提供 Hyper-V：

Windows 的一部分：Hyper-V 是 Windows Server 2008 及更高版本的可选组件。它也适用于 Windows 8、Windows 8.1 以及 Windows 10 Pro 和 Enterprise 版本。

Hyper-V Server：它是 Windows Server 的免费版本，具有有限的功能和 Hyper-V 组件。

2. Hyper-V 设计目的

Hyper-V 设计的目的是为广泛的用户提供更为熟悉以及成本效益更高的虚拟化基础设施软件，这样可以降低运作成本、提高硬件利用率、优化基础设施并提高服务器的可用性。

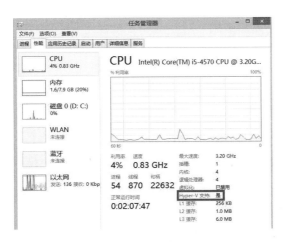

图 3.1 查看是否支持 Hyper-V

3．Hyper-V 向后兼容

Hyper-V（如 Microsoft Virtual Server 和 Windows Virtual PC）将每个客户虚拟机操作系统保存到单个虚拟硬盘文件中。它支持较旧的.vhd 格式，以及较新的.vhdx。可以在 Hyper-V 中复制和使用 Virtual Server 2005、Virtual PC 2004 和 Virtual PC 2007 中较旧的.vhd 文件。

4．Hyper-V 的限制

（1）Hyper-V 不会虚拟化音频硬件。

在 Windows 8.1 和 Windows Server 2012 R2 之前，可以通过网络连接使用远程桌面连接到虚拟机并使用其音频重定向功能来解决此问题。

Windows 8.1 和 Windows Server 2012 R2 提供了增强会话模式，该模式提供重定向而无须网络连接，在之后的 Windows Server 中沿用了这一模式。

（2）光驱直通。

在客户虚拟机中虚拟化的光盘驱动器是只读的。官方 Hyper-V 不支持主机/根操作系统的光驱在客户虚拟机中传递。因此，不支持刻录到光盘、音频 CD、视频 CD/DVD-Video 播放。

（3）实时迁移。

在 Windows Server 2008 中，Hyper-V 不支持虚拟机的实时迁移。在 Windows Server 2012 及之后的版本中支持实时迁移。数据迁移如图 3.2 所示。

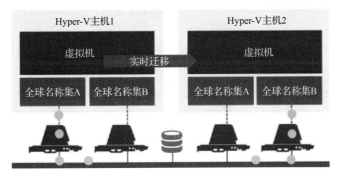

图 3.2 数据迁移

3.1.2 Hyper-V 架构特点

1. Hyper-V 技术架构

Hyper-V 采用微内核的架构，兼顾了安全性和性能的要求。Hyper-V 底层的 Hypervisor 运行在最高的特权级别下，微软将其称为 Ring 1（而 Intel 则将其称为 Root Mode），而虚拟机的操作系统内核和驱动运行在 Ring 0，应用程序运行在 Ring 3 下，这种架构就不需要采用复杂的 BT（二进制特权指令翻译）技术，可以进一步提高安全性。Hyper-V 架构图如图 3.3 所示。

图 3.3 Hyper-V 架构图

2. Hyper-V 的技术特点

（1）高效率的 VMbus 架构。

由于 Hyper-V 底层的 Hypervisor 代码量很小，不包含任何第三方的驱动，非常精简，所以安全性更高。Hyper-V 采用基于 VMbus 的高速内存总线架构，来自虚拟机的硬件请求（显卡、鼠标、磁盘、网络）可以直接经过 VSC（虚拟化服务客户端），通过 VMbus 总线发送到根分区的 VSP（虚拟化服务提供程序），VSP 调用对应的设备驱动，直接访问硬件，中间不需要 Hypervisor 的帮助。

这种架构效率很高，不再像以前的虚拟服务器，每个硬件请求都需要经过用户模式、内核模式的多次切换转移。同时，Hyper-V 现在可以支持 Virtual SMP，Windows Server 2008 虚拟机最多可以支持 4 个虚拟 CPU；而 Windows Server 2003 最多可以支持 2 个虚拟 CPU。每个虚拟机最多可以使用 64GB 内存，而且还可以支持 x64 操作系统。

（2）完美地支持 Linux 系统。

Hyper-V 可以很好地支持 Linux，用户可以安装支持 Xen 的 Linux 内核，这样 Linux 就可以知道自己运行在 Hyper-V 之上。还可以安装专门为 Linux 设计的集成组件，里面包含磁盘和网络适配器的 VMbus 驱动，这样 Linux 虚拟机也能获得高性能。

这对于采用 Linux 系统的企业来说是一个福音，这样就可以把所有的服务器，包括 Windows 和 Linux，全部统一到最新的 Windows Server 平台下，可以充分利用 Windows Server 带来的最新高级特性，而且还可以保留原来的 Linux 关键应用不会受到影响。

和之前的 Virtual PC、Virtual Server 类似，Hyper-V 也是微软的一种虚拟化技术解决方案，但在各方面都取得了长足的发展。

Hyper-V 可以采用半虚拟化（Para-virtualization）和全虚拟化（Full-virtualization）两种模拟方式创建虚拟机。半虚拟化方式要求虚拟机与物理主机的操作系统（通常是版本相同的

Windows）相同，以使虚拟机达到较高的性能；全虚拟化方式要求 CPU 支持全虚拟化功能（如 Inter-VT 或 AMD-V），以便能够创建使用不同的操作系统（如 Linux 和 Mac OS）的虚拟机。

从架构上讲，Hyper-V 只有"硬件－Hyper-V－虚拟机"三层，本身非常小巧，代码简单，且不包含任何第三方驱动，所以安全可靠、执行效率高，能充分利用硬件资源，使虚拟机系统性能更接近真实系统性能。

3.1.3 虚拟化技术

在整个 IT 产业中，虚拟化已经成为关键词，从桌面系统到服务器，从存储系统到网络，虚拟化所能涉及的领域越来越广泛。虚拟化并不是一个很新的技术，如 x86 虚拟化的历史就可以追溯到 20 世纪 90 年代，而 IBM 虚拟化技术已经有四十多年的历史。虚拟化的初衷是为了解决"一种应用占用一台服务器"模式所带来的服务器数量剧增，导致数据中心越来越复杂，管理难度增加，并且导致能耗和热量的巨大增长等问题。早期的虚拟化产品完全基于软件并且非常复杂，执行效率比较低下，并没有得到广泛的应用。

如今虚拟化技术已经得到了飞速的发展，主要的操作系统厂商和独立软件开发商都提供了虚拟化解决方案。同时，硬件上的支持使虚拟化执行效率大大提高，自 2006 年诞生第一颗支持虚拟化技术的处理器以来，目前在 x86 构架中绝大多数处理器都开始支持虚拟化技术。

虚拟化技术可以定义为将一个计算机资源从另一个计算机资源中剥离的一种技术。在没有虚拟化技术的单一情况下，一台计算机只能同时运行一个操作系统，虽然可以在一台计算机上安装两个甚至多个操作系统，但是同时运行的操作系统只有一个；而通过虚拟化，可以在同一台计算机上同时启动多个操作系统，每个操作系统上可以有许多不同的应用，多个应用之间互不干扰。

通过虚拟化可以有效提高资源的利用率。在数据机房经常可以遇到服务器的利用率很低的情况，有时候一台服务器只运行一个很小的应用，平均利用率不足 10%。通过虚拟化，可以在这台利用率很低的服务器上安装多个实例，从而充分利用现有的服务器资源，可以实现服务器的整合，减小数据中心的规模，解决令人头疼的数据中心能耗以及散热问题，并且节省费用投入。

1. 流量监控

监控 Hyper-V 虚拟机的基本网络流量统计其实很简单，但是在 Hyper-V 的网络虚拟化方式中，执行实际的数据包捕获就很难了。以下是多个选择：

（1）计数器。

最基本的监控是给定 VM 的简单带宽利用率。Hyper-V 有 4 个基本的网络性能计数器群组，可以通过记录和分析它们来了解 Hyper-V 以及每个独立虚拟机的网络流量。

（2）网络接口。

这个计数器设置描述 Hyper-V 中使用的物理网络设备。这种设置的计数器可用来查看 Hyper-V 中流入、流出的流量作为一个整体运行得怎么样。

（3）Hyper-V 虚拟交换机。

可以统计 Hyper-V 虚拟机之间交换的流量。还有一个相似的计数器设置，叫作 Hyper-V 虚拟交换机端口，用户可以看到这个交换机上某个特定端口的数据统计。

（4）Hyper-V 遗留网络适配器和 Hyper-V 虚拟网络适配器。

这两个性能计数器设置提供特定虚拟机的网络活动详细信息。这些计数器组中每一个的子设置都有一个 VM 易记的名字，还有其网络适配器的名字，加上 VM 和适配器的 GUID，防止用户使用 Windows 管理规范（WMI）查询。

这两个计数器设置的最大不同在于用户监控的 VM 是否使用了集成服务。很明显，用户想要在任何可能的时候使用集成服务，并且使用虚拟网络适配器计数器。没有集成服务运行的虚拟机需要使用遗留网络适配器计数器，但是这会带来一定的效能损失。

（5）数据包捕获。

如果在一个 Hyper-V 实例中，用户要监控所有来自或去向虚拟机的数据包级网络流量，就要进行数据包检查和网络捕获。然而现在还没有在 Hyper-V 中直接这么做的方法。虚拟网络适配器还没有混合模式，某种程度上是为了增强安全性和 VM 间的独立性，也是为了保护管理程序本身。

2．改进和变化

除了在架构上进行改进之外，Hyper-V 还具有其他一些变化：

（1）Hyper-V 基于 64 位系统。微软的新一代虚拟化技术 Hyper-V 是基于 64 位系统的。32 位系统的内存寻址空间只有 4GB，在这样的系统上再进行服务器虚拟化在实际应用中已没有实际意义。在支持大容量内存的 64 位服务器系统中，应用 Hyper-V 虚拟出多个应用才有较大的现实意义。微软上一代虚拟化产品包括虚拟服务器和虚拟 PC 都是基于 32 位系统的。

（2）硬件支持上大大提升。Hyper-V 支持 4 个虚拟处理器，支持 64GB 内存，并且支持 x64 操作系统；而虚拟服务器只支持 2 个虚拟处理器，并且只能支持 x86 操作系统。同时，在 Hyper-V 中还支持 VLAN 功能。支持 Hyper-V 服务器虚拟化需要启用 Intel-VT 或 AMD-V 特性的 x64 系统。Hyper-V 基于微内核 Hypervisor 架构，是轻量级的。Hyper-V 中的设备共享架构支持在虚拟机中使用两类设备：合成设备和模拟设备。

（3）Hyper-V 提供了对许多用户操作系统的支持，包括 Windows Server 2003 SP2、Novell SUSE Linux Enterprise Server 10 SP1、Windows Vista SP1（x86）和 Windows XP SP3（x86）、Windows XP SP2（x64）。在 2017 年之后发布的 Hyper-V RC1 代码中还增加了对 Windows 2000 Server SP4 以及 Windows 2000 Advanced Server SP4 的支持。

3.2 微软公有云 Azure

3.2.1 公有云简介

公有云平台提供商通过互联网将存储、计算、应用等资源作为服务提供给大众市场。企业无须自己构建数据中心，只需要根据使用量支付费用。

如果说传统 IT 设施是企业自己完成企业的用电供给，公有云就是企业从专业电力公司购电，基础设施的建设和管理完全交给电力公司，企业用多少电付多少钱。通过公有云，能够高效、经济地利用资源。

3.2.2 Azure 简介

Windows Azure 是微软基于云计算的操作系统，2014 年 4 月更名为 "Microsoft Azure"，和 Azure Services Platform 一样，是微软 "软件和服务" 技术的名称。Microsoft Azure 的主要目标是为开发者提供一个平台，帮助开发可运行在云服务器、数据中心、Web 和 PC 上的应用程序。云计算的开发者能使用微软全球数据中心的储存、计算能力和网络基础服务。Azure 服务平台包括了以下主要组件：Windows Azure；Microsoft SQL 数据库服务；Microsoft .Net 服务；用于分享、储存和同步文件的 Live 服务；针对商业的 Microsoft SharePoint 和 Microsoft Dynamics CRM 服务。如图 3.4 所示为 Microsoft Azure 登录界面。

图 3.4　Microsoft Azure 登录界面

Azure 是一种灵活和支持互操作的平台，它可以被用来创建云中运行的应用，或者通过基于云的特性来加强现有应用。它开放式的架构给开发者提供了 Web 应用、互联设备的应用、个人计算机、服务器或者提供最优在线复杂解决方案等选择。Windows Azure 以云技术为核心，提供了软件+服务的计算方法。它是 Azure 服务平台的基础。Azure 能够将处于云端的开发者个人能力同微软全球数据中心网络托管的服务，如存储、计算和网络基础设施服务等，紧密结合起来。

微软承诺 Azure 服务平台自始至终的开放性和互操作性，企业的经营模式和用户从 Web 获取信息的体验将会因此而改变。最重要的是，这些技术将使用户有能力决定，是将应用程序部署在以云计算为基础的互联网服务上，还是将其部署在本地数据中心，或者根据实际需要将二者结合起来。

3.2.3 Azure 架构

Windows Azure 是专为在微软建设的数据中心管理所有服务器、网络以及存储资源而开发的一种特殊版本 Windows Server 操作系统，它具有针对数据中心架构的自我管理（Autonomous）机能，可以自动监控划分在数据中心数个不同的分区（微软将这些分区称为 Fault Domain，即容错域）的所有服务器与存储资源，具有自动更新补丁、自动运行虚拟机部署与镜像备份（Snapshot Backup）等能力。Windows Azure 被安装在数据中心的所有服务器中，并且定时与中控软件 Windows Azure Fabric Controller 进行沟通，接收指令以及回传运行状态数据等。系统管理人员只要通过 Windows Azure Fabric Controller 就能够掌握所有服务器的运行状态。Fabric Controller 本身是融合了众多微软系统管理技术的总成，包含对虚拟机的管理（System Center Virtual Machine Manager），对作业环境的管理（System Center Operation Manager），以及对软件部署的管理（System Center Configuration Manager）等，在 Fabric Controller 中被发挥得淋漓尽致，如此才能够达成通过 Fabric Controller 来管理数据中心所有服务器的能力。

Windows Azure 环境除了各式不同的虚拟机外，它也为应用程序打造了分布式的巨量存储环境（Distributed Mass Storage），也就是 Windows Azure Storage Services。应用程序可以根据不同的存储需求来选择使用哪一种或哪几种存储方式，以保存应用程序的数据。而微软也尽可能地提供应用程序的兼容性工具或接口，以降低应用程序移转到 Windows Azure 上的负担。

Windows Azure 不仅给外部的云应用程序使用，它也作为微软许多云服务的基础平台，如 Windows Azure SQL Database 或 Dynamic CRM Online 这类的在线服务。如图 3.5 所示是 Windows Azure 架构图。

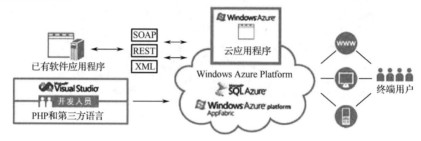

图 3.5　Windows Azure 架构图

3.2.4　Azure 服务平台

Azure 服务平台现在已经包含如下功能：网站、虚拟机、云服务、大数据处理以及媒体支持。如图 3.6 所示是 Azure 服务平台界面。

图 3.6　Azure 服务平台界面

1．网站

允许使用 ASP.NET、PHP 或 Node.js 构建，并使用 FTP、Git 或 TFS 进行快速部署，支持 SQL 数据库、高速缓存、CDN 及存储。

2．虚拟机

在 Azure 上，用户可以轻松部署并运行虚拟机，迁移应用程序和基础结构，而无须更改现有代码。支持 Windows 虚拟机、Linux 虚拟机、存储、虚拟网络、身份识别等功能。

3．云服务

云服务是 Azure 中的企业级云平台，使用平台即服务（PaaS）环境创建高度可用且可无限缩放的应用程序和服务，支持多层方案、自动化部署和灵活缩放，支持云服务、SQL 数据库、高速缓存、业务分析、服务总线、身份识别。

4．移动终端服务

移动终端服务是 Azure 提供的移动应用程序的完整后端解决方案，加速连接的客户端应用程序开发，在几分钟内并入结构化存储、用户身份验证和推送通知，支持 SQL 数据库、移动终端服务，并可快速生成 Windows Phone、Android 或 iOS 应用程序项目。

5．大数据处理

Azure 提供的海量数据处理能力，可以从数据中获取可执行洞察力，利用完全兼容的企业准备就绪的 Hadoop 服务。PaaS 产品/服务提供了简单的管理，并与活动目录和系统中心集成，支持 Hadoop、业务分析、存储、SQL 数据库及在线商店 Marketplace。

6．媒体支持

支持插入、编码、保护、流式处理，可以在云中创建、管理和分发媒体。此 PaaS 产品/服务提供从编码到内容保护再到流式处理和分析支持的所有内容，支持 CDN 及存储。

3.2.5 Azure 的独到之处

1．可靠

Azure 的平台设计尽最大可能消除单点故障，并提供企业级的服务等级协议（Service Level Agreemeat，SLA）。它可以轻松实现异地多点备份，带来万无一失的防灾备份能力，让用户专心开发和运行应用，而无须担心基础设施。除此之外，Azure 基于浏览器的 GUI 和 REST API 前均标有 HTTPS，同时带有 DigiCert 签署的证书。

2．灵活

Azure 提供多种操作系统的虚拟机，支持 PHP、Node.js、Python 等大量开源工具。它提供了极大的弹性，能够根据实际需求瞬间部署任意数量虚拟机，调用无限存储空间。Azure 定价灵活，并支持按使用量付费，帮助用户以最低成本将新服务上线之后再按需扩张。

3. 价值

Azure 提供了业界顶尖的云计算技术，其云存储技术性能、扩展性和稳定性三项关键指标均在 Nasuni 的权威测试中表现优异。Azure 能够与企业现有本地 IT 设施混合使用，为存储、管理、虚拟化、身份识别、开发提供了从本地到云端的整合式体验。

3.2.6 Azure 的优点

Azure 服务平台的设计目标是用来帮助开发者更容易地创建 Web 和移动端应用程序。它提供了最大限度的灵活性，选择和使用现有技术连接用户和客户的控制。

1. 利于开发者过渡到云计算

目前世界上有数以百万计的开发者正在使用.NET Framework 和 Visual Studio 开发环境，利用与 Visual Studio 相同的环境可以创建、编写、测试和部署云计算应用。

2. 快速获得结果

应用程序可以通过单击一个按钮就部署到 Azure 服务平台，变更相当简单，无须停工修正，是一个试验新想法的理想平台。

3. 想象并创建新的用户体验

Azure 服务平台可以让用户创建 Web、移动端使用云计算的复杂应用。与 Live Services 连接可以访问 4 亿 Live 用户，以及使用新的方式与用户交流的机会。

4. 基于标准的兼容性

为了可以和第三方服务交互，Azure 服务平台支持工业标准协议，包括 HTTP、REST、SOAP、RSS 和 AtomPub。用户可以方便地集成基于多种技术或者多平台的应用。

3.3 实验 Hyper-V 的安装部署

1. 实验目的

（1）学会安装微软的 Hyper-V；
（2）学会在 Hyper-V 中创建虚拟机。

2. 实验内容

（1）在 Windows Server 2012 上安装 Hyper-V 角色；
（2）安装 Hyper-V 之后创建虚拟机。

3. 实验原理

（1）Windows Server 2008 及以上版本自带 Hyper-V 角色，可以在 Windows Server 2012

中使用 Hyper-V 功能；

（2）当 Windows 开启 Hyper-V 角色之后，则会将 Windows Server 转换成裸金属架构的 Hypervisor，之后就可以创建虚拟机了。

4．实验环境

（1）Windows 操作系统环境；

（2）Windows Server 2012 操作系统环境，可以虚拟机安装，也可以物理机安装。

5．实验步骤

（1）远程连接 Windows Server 2012。

通过 Windows 操作系统的远程登录连接 Windows Server 2012。如果有 Windows Server 2012 显示器则不需要登录。在 Windows 中使用 Win+R 快捷键启动"运行"程序，输入"mstsc"命令，如图 3.7 所示。输入登录远程主机的 IP 地址、用户名和密码，登录 Windows Server 2012，如图 3.8 所示。

图 3.7　"运行"界面　　　　　　　　　　图 3.8　远程桌面

（2）开启角色，开始部署。

在需要部署 Hyper-V 的服务器中单击桌面任务栏的"服务器管理器"图标，打开服务器管理器界面，如图 3.9 所示。

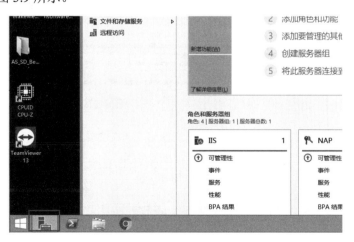

图 3.9　服务器管理器

在"服务器管理器仪表板"页面中单击"添加角色和功能"命令，如图 3.10 所示。

图 3.10　添加角色与功能

打开"添加角色和功能向导"对话框，在"开始之前"页面中单击"下一步"按钮，如图 3.11 所示。

图 3.11　"开始之前"页面

进入"选择安装类型"页面，单击选择"基于角色或基于功能的安装"单选钮，如图 3.12 所示，单击"下一步"按钮。

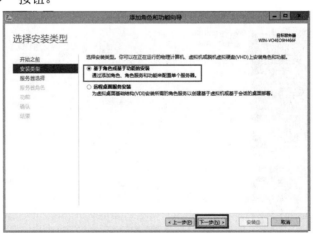

图 3.12　"选择安装类型"页面

进入"选择目标服务器"页面，单击选择"从服务器池中选择服务器"单选钮，然后选择当前服务器，如图 3.13 所示，单击"下一步"按钮。

图 3.13　"选择目标服务器"页面

进入"选择服务器角色"页面，在"角色"列表中勾选"Hyper-V"，如图 3.14 所示，单击"下一步"按钮。

图 3.14　"选择服务器角色"页面

进入"选择功能"页面，采用默认设置即可，如图 3.15 所示，单击"下一步"按钮。

图 3.15　"选择功能"页面

进入"Hyper-V"页面，采用默认设置，如图 3.16 所示，单击"下一步"按钮。

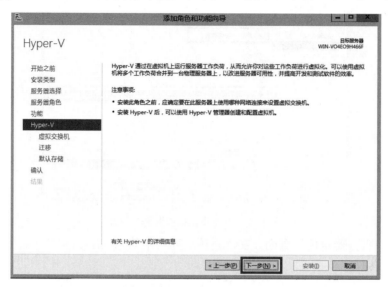

图 3.16 "Hyper-V"页面

进入"创建虚拟交换机"页面，直接单击"下一步"按钮，此处的网络适配器配置可以留待安装完成以后再来配置，如图 3.17 所示。

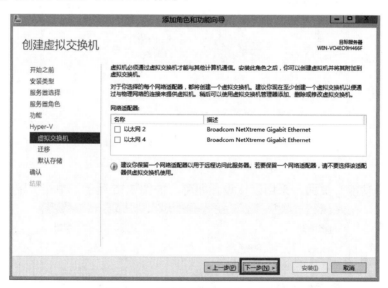

图 3.17 "创建虚拟交换机"页面

进入"虚拟机迁移"页面，直接单击"下一步"按钮，如图 3.18 所示，。

进入"默认存储"页面，可以选择使用虚拟硬盘文件的默认位置和虚拟机配置文件的默认位置，也可以选择其他安装位置，单击"下一步"按钮，如图 3.19 所示。

进入"确认安装所选内容"页面，勾选"如果需要，自动重新启动目标服务器"复选框，如图 3.20 所示，单击"安装"按钮。

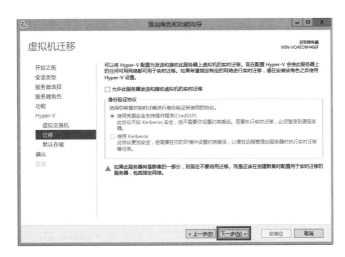

图 3.18　"虚拟机迁移"页面

图 3.19　"默认存储"页面

图 3.20　确认安装所选内容

　　进入"安装进度"页面,安装完成后单击"关闭"按钮,如图 3.21 所示。如果上一步没有勾选自动重启,则根据提示手动重启服务器。

图 3.21 "安装进度"页面

重启完成后，进入服务器管理器界面，查看 Hyper-V 服务器角色，如图 3.22 所示。

图 3.22 服务器管理器界面

由此可见，服务器角色已经成功安装了。单击右上方的"工具"选项，选择"Hyper-V 管理器"，可以进入"Hyper-V 管理器"界面，如图 3.23 和图 3.24 所示。

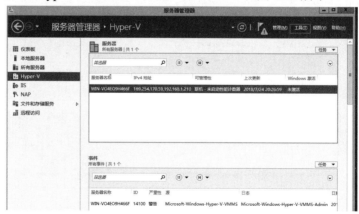

图 3.23 "工具"选项

图 3.24　"Hyper-V 管理器"界面

（3）创建虚拟机测试。

在"Hyper-V 管理器"界面，单击右侧"操作"栏中的"新建"选项，如图 3.25 所示。

图 3.25　"Hyper-V 管理器"-新建虚拟机

进入"新建虚拟机向导"对话框，在"开始之前"页面中单击"下一步"按钮，如图 3.26 所示。

进入"指定名称和位置"页面，输入虚拟机名称，可根据实际情况选择虚拟机存储位置，单击"下一步"按钮，如图 3.27 所示。

进入"指定代数"页面，选择"第一代"单选钮，然后单击"下一步"按钮，如图 3.28 所示。

进入"分配内存"页面，根据实际情况分配内存容量大小，单击"下一步"按钮，如图 3.29 所示。

进入"配置网络"页面，在"连接"中选择"默认交换机"，单击"下一步"按钮，如图 3.30 所示。

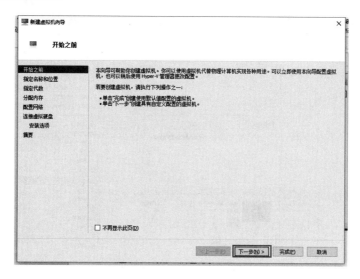

图 3.26 "开始之前"页面

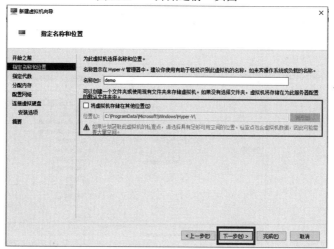

图 3.27 "指定名称和位置"页面

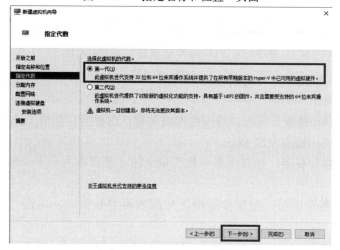

图 3.28 "指定代数"页面

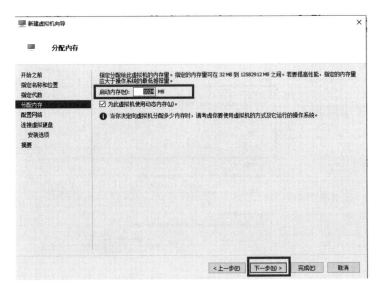

图 3.29　"分配内存"页面

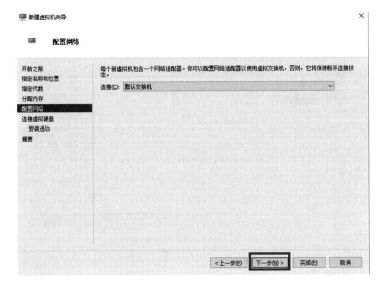

图 3.30　"配置网络"页面

　　进入"连接虚拟硬盘"页面,选择"创建虚拟硬盘"单选钮,并根据实际情况调整虚拟硬盘容量大小和存储位置,如图 3.31 所示。

　　进入"安装选项"页面,选择"以后安装操作系统"单选钮,然后单击"下一步"按钮,如图 3.32 所示。

　　进入"正在完成新建虚拟机向导"页面,显示摘要信息,可以看到虚拟机配置信息,确认无误后单击"完成"按钮,如图 3.33 所示。

　　虚拟机创建完成后,在"Hyper-V 管理器"界面中显示刚刚创建的虚拟机,如图 3.34 所示。

　　至此,虚拟机创建完成。

图 3.31　"连接虚拟硬盘"页面

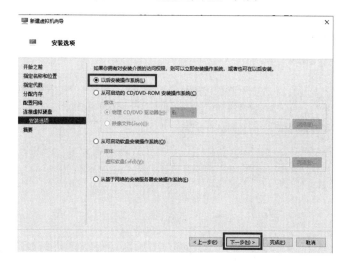

图 3.32　"安装选项"页面

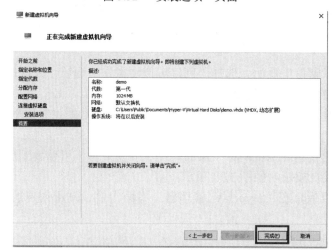

图 3.33　"正在完成新建虚拟机向导"页面-显示摘要信息

图 3.34 "Hyper-V 管理器"界面-查看新创建的虚拟机

3.4 实验 Hyper-V 的管理

1．实验目的

（1）学会使用 Hyper-V 管理虚拟机；
（2）学习 Hyper-V 中的网络类型。

2．实验内容

（1）在安装好 Hyper-V 的主机上为新建的虚拟机安装操作系统；
（2）为虚拟机创建虚拟硬盘等；
（3）对虚拟机执行其他的常用操作。

3．实验原理

"Hyper-V 管理器"界面提供了很多管理功能来控制虚拟机，常见的功能包括创建网络、创建硬盘、开机、关机、重启、迁移等。通过使用 Hyper-V 管理器来控制虚拟机，从而加深对 Hyper-V 的理解。

4．实验环境

（1）Windows 操作系统环境；
（2）安装好 Hyper-V 的 Windows Server 2012 操作系统环境；
（3）Hyper-V 中需要创建 1 台空的虚拟机；
（4）需要准备 Core-9.0.iso。

5．实验步骤

（1）为虚拟机安装操作系统。
打开服务器管理器，单击"工具"选项，选择"Hyper-V 管理器"，进入"Hyper-V 管理器"界面，如图 3.35 和图 3.36 所示。

图 3.35　服务器管理器

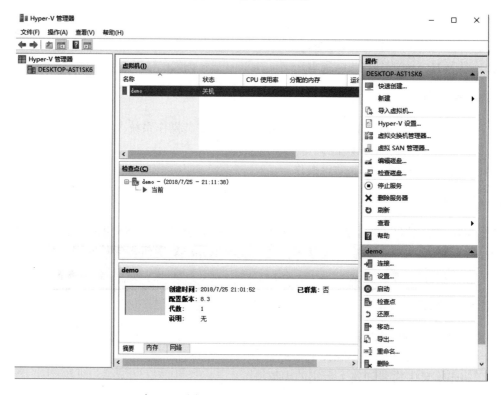

图 3.36　Hyper-V 管理器

鼠标右击虚拟机，在弹出的快捷菜单中选择"连接"命令，进入虚拟机界面，如图 3.37 所示。

图 3.37　虚拟机界面

在菜单栏单击"媒体"→"DVD 驱动器"→"插入磁盘"命令，如图 3.38 所示，选择虚拟机磁盘为 Core-9.0.iso。完成后开启虚拟机，进入虚拟机启动界面，由于 Core9 是测试用的系统，所以无须安装即可使用。

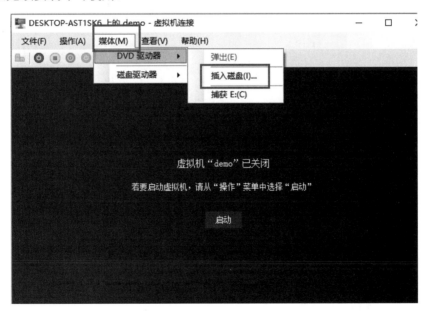

图 3.38　"插入磁盘"命令

（2）创建虚拟硬盘并挂载到虚拟机。

在"Hyper-V 管理器"界面单击右侧"操作"栏中的"新建"选项，在弹出的菜单中单击"硬盘"命令，如图 3.39 所示。

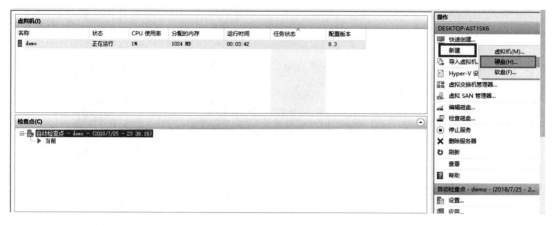

图 3.39　选择新建硬盘

进入"新建虚拟硬盘向导"对话框，单击"下一步"按钮，如图 3.40 所示。

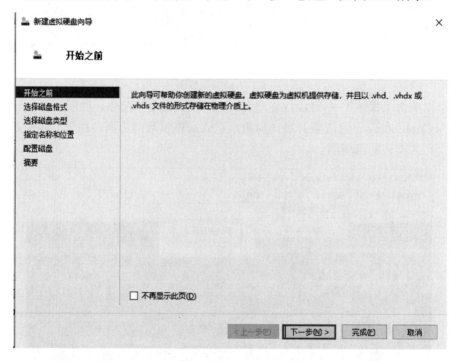

图 3.40　"新建虚拟硬盘向导"对话框

进入"选择磁盘格式"页面，采用默认选项，单击"下一步"按钮，如图 3.41 所示。

进入"选择磁盘类型"页面，采用默认选项，单击"下一步"按钮，如图 3.42 所示。

进入"指定名称和位置"页面，指定虚拟硬盘文件的名称和存储位置，然后单击"下一步"按钮，如图 3.43 所示。

进入"配置磁盘"页面，单击选择"新建空白虚拟硬盘"单选钮，设置合适的磁盘容量大小，然后单击"下一步"按钮，如图 3.44 所示。

进入"正在完成新建虚拟硬盘向导"页面，显示摘要信息，确认虚拟硬盘信息无误后单击"完成"按钮，如图 3.45 所示。

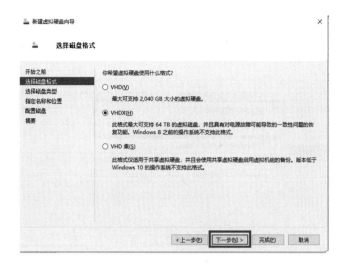

图 3.41　"选择磁盘格式"页面

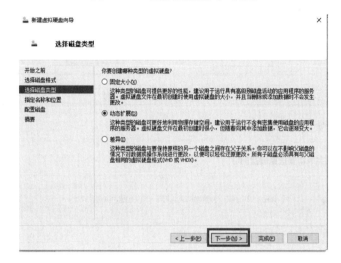

图 3.42　"选择磁盘类型"页面

图 3.43　"指定名称和位置"页面

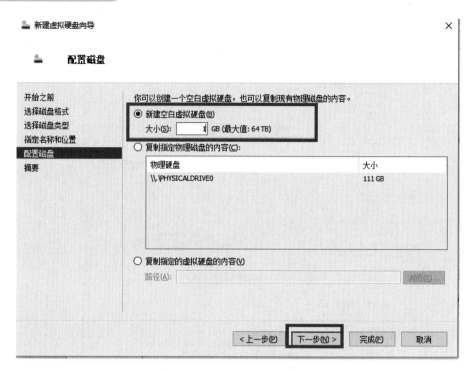

图 3.44 "配置磁盘"页面

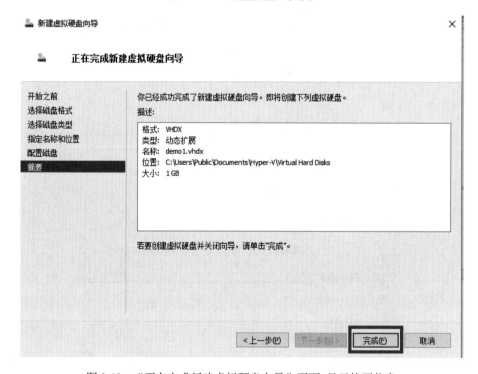

图 3.45 "正在完成新建虚拟硬盘向导"页面-显示摘要信息

接下来，在"Hyper-V 管理器"界面单击"操作"栏里的"关机"选项，将虚拟机关机；然后单击"设置"选项，如图 3.46 和图 3.47 所示。

图 3.46　虚拟机关机

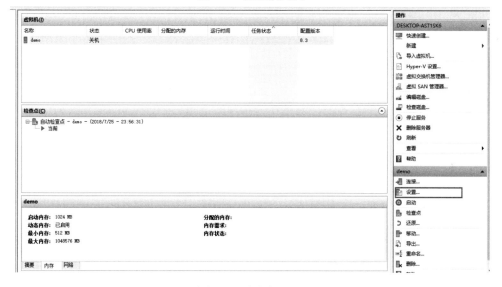

图 3.47　虚拟机设置

　　弹出虚拟机设置对话框，单击左侧栏"硬件"列表中的"添加硬件"选项，然后在右侧单击"SCSI 控制器"选项，最后单击"添加"按钮，如图 3.48 所示。

　　继续单击左侧栏"硬件"列表中刚刚添加的"SCSI 控制器"选项，然后在右侧单击"硬盘驱动器"选项，最后单击"添加"按钮，如图 3.49 所示。

　　继续单击左侧栏"硬件"列表中刚刚添加的"硬盘驱动器"选项，然后单击右侧的"浏览"按钮，浏览新创建的虚拟硬盘，如图 3.50 所示。

　　单击"确定"按钮，关闭虚拟机设置对话框。将虚拟机开机，进入虚拟机中，执行"lsblk"或"fdisk -l"命令，如图 3.51 所示，可以看到虚拟机中有两块硬盘——sda 和 sdb。

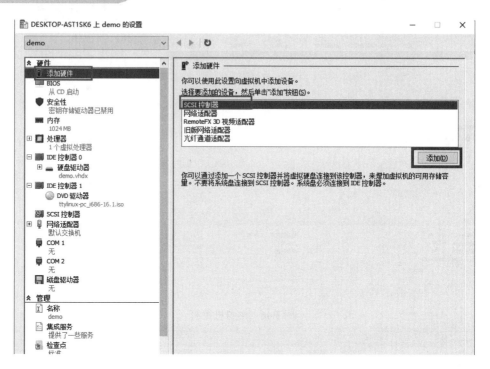

图 3.48　添加 SCSI 控制器

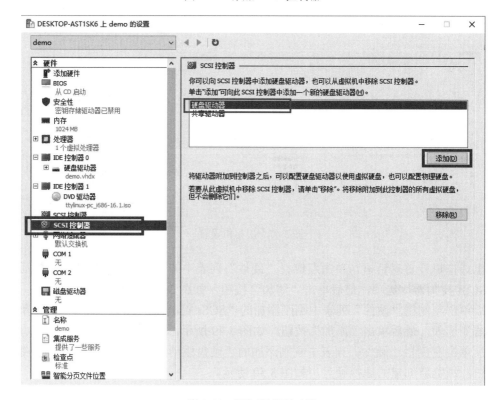

图 3.49　添加硬盘驱动器

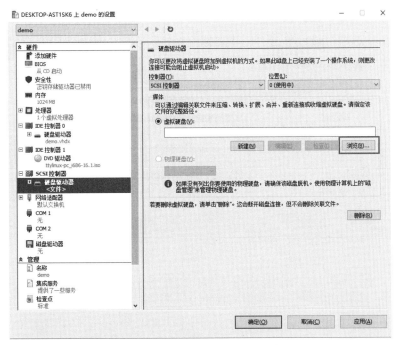

图 3.50 浏览新创建的虚拟硬盘

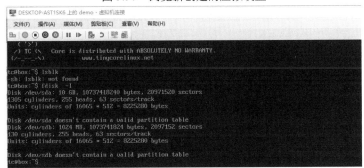

图 3.51 查看虚拟硬盘

（3）添加虚拟机网卡。

在"Hyper-V 管理器"界面单击"操作"栏中的"虚拟交换机管理器"选项，如图 3.52 所示。

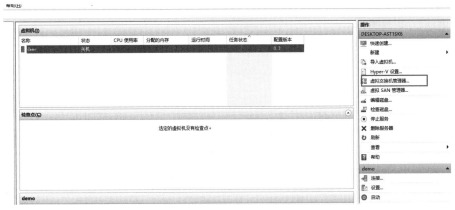

图 3.52 创建虚拟交换机

弹出虚拟交换机管理器对话框，单击左侧栏中的"新建虚拟网络交换机"选项，然后在右侧单击"内部"选项，最后单击"创建虚拟交换机"按钮，如图 3.53 所示。

图 3.53　添加内部虚拟交换机

新添加的内部虚拟网络交换机信息如图 3.54 所示，单击"确定"按钮，关闭虚拟交换机管理器对话框。

图 3.54　查看内部虚拟交换机

外部虚拟网络交换机允许相同的 Hyper-V 服务器的 Hyper-V 父分区和远程 Hyper-V 服务器上运行的虚拟机之间进行通信。它需要一个没有映射到任何其他的外部虚拟网络交换机的 Hyper-V 主机上的物理网络适配器。

内部虚拟网络交换机可以用来让连接到同一台交换机上的虚拟机之间进行通信，也允许与 Hyper-V 父分区通信。可以创建任意数量的内部虚拟交换机。

专用虚拟网络交换机允许连接到同一个虚拟交换机上的虚拟机之间进行通信，但是连接到这种类型虚拟交换机上面的虚拟机无法与 Hyper-V 父分区通信。可以创建任意数量的专用虚拟交换机。

接下来关闭虚拟机，进入虚拟机设置对话框。单击左侧栏"硬件"列表中的"添加硬件"选项，然后在右侧单击"网络适配器"选项，最后单击"添加"按钮，如图 3.55 所示。

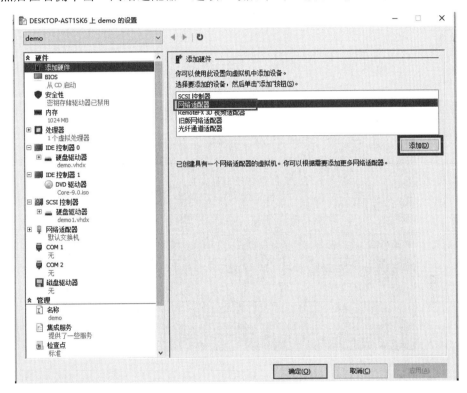

图 3.55　添加网络适配器

新添加的网络适配器信息如图 3.56 所示，单击"确定"按钮，关闭虚拟机设置对话框。将虚拟机开机，输入"ifconfig"命令查看网卡信息，如图 3.57 所示，可以看到有两张网卡。

（4）创建快照。

在"Hyper-V 管理器"界面选中虚拟机，单击右侧"操作"栏中的"检查点"选项，如图 3.58 所示。系统会自动创建检查点，然后进入虚拟机，创建一个 test 文件作为测试之用，如图 3.59 所示。

单击"Hyper-V 管理器"界面右侧"操作"栏中的"还原"选项，选中需还原的虚拟机，在弹出的"还原虚拟机"对话框中单击"还原"按钮，如图 3.60 和图 3.61 所示。

确认还原后，进入虚拟机，使用"ls"命令查看当前目录下的文件，发现 test 文件已不存在，如图 3.62 所示，证明虚拟机已还原。

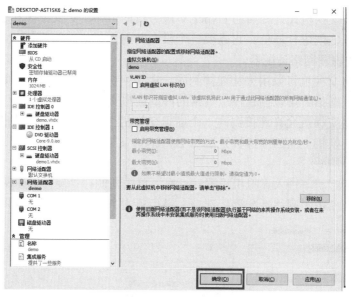

图 3.56　新添加的网络适配器信息

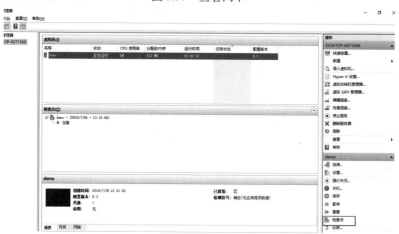

图 3.57　查看网卡

图 3.58　选择"检查点"

图 3.59 创建测试文件 test

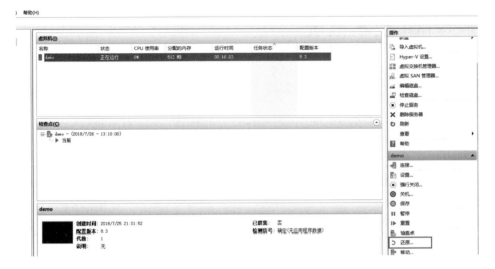

图 3.60 选择"还原"

图 3.61 "还原虚拟机"对话框

图 3.62 虚拟机界面

第 4 章

KVM 开源虚拟化技术概况

4.1 KVM 技术概况

4.1.1 KVM 的发展历史

KVM 的全称是 Kernel-based Virtual Machine，即基于内核的虚拟机。

KVM 由一个以色列的创业公司 Qumranet 开发，作为其 VDI 产品的虚拟机。为了简化开发，KVM 的开发人员并没有从底层开始重新编写一个 Hypervisor，而是选择了基于 Linux kernel，通过加载新的模块，从而使 Linux kernel 本身变成一个 Hypervisor。

2006 年 10 月，在先后完成了基本功能、动态迁移以及主要的性能优化之后，Qumranet 正式对外宣布了 KVM 的诞生。不久，KVM 模块的源代码被正式接纳进入 Linux kernel，成为内核源代码的一部分。作为一个功能和成熟度都不如 Xen 的项目，在这么短的时间内被内核社区接纳，主要原因在于：在虚拟化方兴未艾的当时，内核社区急于将虚拟化的支持包括在内，但是 Xen 取代内核并管理系统资源的架构引起了内核开发人员的不满和抵触。

2008 年 9 月，红帽（Red Hat）收购 Qumranet，从而成为 KVM 开源项目的新东家。由于此次收购，红帽有了自己的虚拟机解决方案，于是开始在自己的产品中以 KVM 替换 Xen。

2009 年 9 月，红帽发布其企业级 Linux 的 5.4 版本（RHEL 5.4），在原先的 Xen 虚拟化机制之上，将 KVM 添加了进来。

2010 年 11 月，红帽发布其企业级 Linux 的 6.0 版本（RHEL 6.0），这个版本将默认安装的 Xen 虚拟化机制彻底去除，仅提供 KVM 虚拟化机制。

为了进一步提升 KVM 在市场中的地位，2011 年 5 月，红帽和 IBM，联合惠普和英特尔，成立了开放虚拟化联盟（Open Virtualization Alliance）。

4.1.2 KVM 功能概述

KVM 基于虚拟化扩展（Intel-VT 或 AMD-V）的 x86 硬件，是 Linux 完全原生的全功能虚拟化解决方案，还提供部分准虚拟化支持。

KVM 目前设计为通过可加载的内核模块，支持广泛的客户机操作系统。

在 KVM 架构中，虚拟机中的虚拟 CPU 为常规的宿主机 Linux 中的进程，由标准 Linux 调度程序进行调度。

这里需要注意，KVM 本身不执行任何模拟，需要用户空间程序通过/dev/kvm 接口设置一个客户机虚拟服务器地址空间，向它提供模拟的 I/O，并将它的视频显示映射回宿主机的显示屏。这个应用程序就是大名鼎鼎的 QEMU。

如图 4.1 所示为 KVM 基本架构。

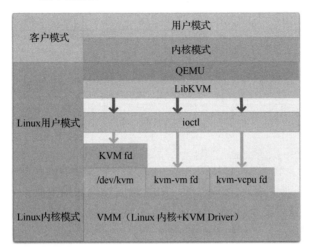

图 4.1　KVM 基本架构

下面介绍 KVM 的功能特性。

1．内存管理

KVM 从 Linux 继承了强大的内存管理功能。一个虚拟机的内存与其他 Linux 进程的内存一样进行存储，并且能以大页面的形式进行交换以实现更高的性能，也可以以磁盘文件的形式进行共享。NUMA 支持（Non-Uniform Mencory Access，非一致性内存访问，针对多处理器的内存设计）允许虚拟机有效地访问大量内存。除此之外，KVM 支持来自 CPU 供应商的最新内存虚拟化功能。

如图 4.2 所示为内存虚拟化功能示意图。

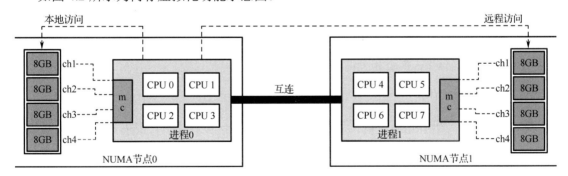

图 4.2　内存虚拟化功能示意图

2．存储

KVM 能够使用 Linux 支持的任何存储方式来存储虚拟机镜像，如图 4.3 所示，包括具有 IDE、SCSI 和 SATA 接口的本地磁盘，网络附加存储（Network Attached Storage，NSA）（包括 NFS 和 SAMBA/CIFS），以及支持 iSCSI 和光纤通道的存储区域网络（Storage Area Network，

SAN）。多路径 I/O 可用于改进存储吞吐量和提供冗余。由于 KVM 是 Linux 内核的一部分，可以利用所有领先存储供应商都支持的成熟且可靠的存储基础架构，其存储在生产部署方面具有良好的记录。

图 4.3　KVM 支持的存储

KVM 还支持全局文件系统（GFS2）等共享文件系统上的虚拟机镜像，以允许虚拟机镜像在多个宿主之间共享或使用逻辑卷共享。磁盘镜像支持按需分配，仅在虚拟机需要时分配存储空间，而不是提前分配整个存储空间，提高存储利用率。KVM 的原生磁盘格式为 QCOW2，它支持快照，允许多级快照、压缩和加密。

3．设备驱动程序

KVM 支持混合虚拟化，其中准虚拟化的驱动程序安装在客户机操作系统中，允许虚拟机使用优化的 I/O 接口而不使用模拟的设备，从而为网络和块设备提供高性能的 I/O。KVM 准虚拟化的驱动程序使用 IBM 和红帽联合 Linux 社区开发的 Virtio 标准，它是一个与虚拟机管理程序独立的、构建设备驱动程序的接口，允许为多个虚拟机管理程序使用一组相同的设备驱动程序，能够实现更出色的虚拟机交互性。

4．性能和可伸缩性

KVM 也继承了 Linux 的性能和可伸缩性。KVM 虚拟化性能在很多方面（如计算能力、网络带宽等）已经可以达到非虚拟化原生环境的 95%以上。KVM 的扩展性也非常出色，客户机和宿主机都可以支持数量众多的 CPU 和高容量的内存空间。例如，红帽官方文档就曾介绍过，RHEL 6.x 系统中的一个 KVM 客户机可以支持 160 个虚拟 CPU 和多达 2TB 的内存，KVM 宿主机支持 4096 个 CPU 核心和多达 64TB 的内存。

5．QEMU 和 KVM

QEMU 是一个开源项目，实际就是一台硬件模拟器，可以模拟许多硬件，包括 x86 架构处理器、AMD 64 架构处理器、MIPS R4000、ARM v6/v7（Cortex-A8，A9，A15）、SPARC Sun3 与 PowerPC 架构，还支持其他架构，可以从 QEMU 主页获取完整的列表。

QEMU 可以在其他平台上运行 Linux 程序，可以存储及还原虚拟机运行状态，还可以虚拟多种设备，包括网卡、多 CPU、IDE 设备、软驱、显卡、声卡、多种并口设备、多种串口设备、多种 USB 设备、PC 喇叭、PS/2 键盘或鼠标（默认）、USB 键盘或鼠标、蓝牙设备。

QEMU 还内建 DHCP、DNS、SMB、TFTP 服务器。目前已有人将 QEMU 编译成 Windows 版本，在 Windows 平台上也可以运行 QEMU。

QEMU 的优点是纯软件模拟，所以可以在支持的平台上模拟支持的设备，例如，有人利用 QEMU 在安卓系统上安装 Windows XP 虚拟机。

QEMU 的缺点也是纯软件模拟,所以运行速度非常慢。QEMU 1.0 有一个 QEMU 和 KVM 结合的分支,KVM 只是一个内核的模块,没有用户空间的管理工具,KVM 的虚拟机可以借助 QEMU-KVM 的管理工具来管理。QEMU 也可以借助 KVM 来加速,提升虚拟机的性能。QEMU-KVM 的分支发布了 3 个正式的版本(1.1、1.2、1.3),随后与 QEMU 的主版本合并,也就是说现在的 QEMU 版本默认支持 KVM,QEMU 和 KVM 已经紧密地结合起来了。KVM 的最后一个独立版本是 KVM 83,随后和内核版本一起发布,与内核版本号保持一致,所以要使用 KVM 的最新版本,就要使用最新的内核。

6. libvirt 与 KVM

libvirt 是一套开源的虚拟化管理工具,主要由 3 个部分组成:

(1)一套 API 的 lib 库,支持主流的编程语言,包括 C、Python、Ruby 等。

(2)libvirtd 服务。

(3)命令行工具 virsh。

libvirt 的设计目标是通过相同的方式管理不同的虚拟化引擎,如 KVM、Xen、Hyper-V、VMware ESX 等。但是实际上目前多数场景使用 libvirt 的是 KVM,而 Xen、Hyper-V、VMware ESX 都有各自的管理工具。

libvirt 可以实现对虚拟机的管理,如虚拟机的创建、启动、关闭、暂停、恢复、迁移、销毁,以及虚拟机网卡、硬盘、CPU、内存等多种设备的热添加。

libvirt 还支持远程的宿主机管理,只要在宿主机上启动 libvirtd 服务并做好配置,就可以通过 libvirt 进行虚拟机的配置。过程管理的通道可以是以下方式:

(1)SSH;

(2)TCP;

(3)基于 TCP 的 TLS。

libvirt 将虚拟机的管理分为以下几个方面:

(1)存储池资源管理:支持本地文件系统目录、裸设备、LVM、NFS、iSCSI 等方式。在虚拟机磁盘格式上支持 QCOW2、VMDK、RAW 等。

(2)网络资源管理:支持 Linux 桥、VLAN、多网卡绑定管理,比较新的版本还支持 Open vSwitch。libvirt 还支持 NAT 和路由方式的网络,libvirt 可以通过防火墙让虚拟机通过宿主机建立网络通道,与外部的网络进行通信。

7. KVM 优势

KVM 优势主要体现在以下几点:

(1)开源。KVM 是一个开源项目,这就决定了 KVM 一直是开放的姿态。需要虚拟化的新技术一般是首先在 KVM 上应用,再到其他虚拟化引擎上推广。

一般来说,网络和存储都是虚拟化难点。网络方面,SRIOV 技术就是最先在 KVM 上应用,然后再推广到其他虚拟化引擎上的。例如,SDN、Open vSwitch 这些比较新的技术,都是先在 KVM 上得到应用。而磁盘方面,基于 SSD 的分层技术也都是最早在 KVM 上得到应用的。

KVM 背靠 Linux 这颗大树,和 Linux 系统紧密结合,Linux 上的新技术都可以马上应用到 KVM 上。围绕 KVM 的是一个开源的生态链,从底层的 Linux 系统到中间层的 libvirt 管理工具，再到云管理平台 OpenStack，莫不如此。

（2）性能。KVM 吸引许多人使用的一个原因就是性能。在同样的硬件条件下，KVM 能提供更好的虚拟机性能，主要是因为 KVM 架构简单，代码只有两万行，一开始就支持硬件虚拟化，这些技术特点保证了 KVM 的性能。

（3）免费。因为 KVM 是开源项目，绝大部分 KVM 的解决方案也都是免费方案。随着 KVM 的发展，KVM 虚拟机越来越稳定，兼容性也越来越好，因而也就得到越来越多的应用。

（4）广泛免费的技术支持。免费并不意味着 KVM 没有技术支持。在 KVM 开源社区，数量庞大的 KVM 技术支持者都可以提供 KVM 技术支持。另外，如果需要商业级支持，也可以购买红帽公司的服务。

8．KVM 与常用企业级虚拟化产品的对比

目前比较常见的企业级虚拟化产品有 4 款，分别是 VMware、Hyper-V、Xen、KVM。

（1）VMware。VMware 是 x86 平台上最早的虚拟化引擎，1994 年就发布了第一款产品，经过二十多年的发展和市场检验，产品成熟、稳定，兼容性也不错。VMware 的产品线非常全面，不仅有虚拟化的解决方案，在 IaaS、SaaS、PaaS 层都有自己的产品，而且在网络、存储方面都有相关的解决方案。VMware 和网络存储厂商在协议层面也有一些私有协议，许多主流厂商都支持 VMware 的一些专用协议，与 VMware 一起形成一个生态链。

VMware 目前被 EMC 控股，虚拟化产品线主要有针对个人用户的 VMware Workstation，针对苹果用户的 VMware Fusion，针对企业级用户的 VMware ESXi 服务器。管理工具主要是 VMware vSphere 套件。

VMware 的产品基本上都是非开源的，并且大部分都是收费产品，一般在传统关键行业使用较多，而在中小型企业、互联网行业使用较少。

（2）Hyper-V。Hyper-V 是微软的虚拟化产品，最近几年发展非常迅速，在 Windows Server 2012 R2 中的 Hyper-V 支持许多非常新的虚拟化特性。Hyper-V 必须使用 64 位的 Windows 产品。Hyper-V 也支持 Linux 系统的虚拟机。

Hyper-V 也是一款非开源的收费产品。Hyper-V 的集群管理工具 SCVMM 配置非常复杂，需要配置 Windows 域、Windows Server 集群，然后才能管理多台宿主机。因为 Hyper-V 的成本相对较低，所以最近几年市场占有率有所提升，用户主要是一些使用 Windows 系统的企业。

（3）Xen。Xen 是最早的开源虚拟化引擎，由剑桥大学开发，虚拟化的概念也是 Xen 最早提出的。Xen 后来被思杰（Citrix）收购，推出了一套叫作 XenServer 的 Hypervisor。XenServer 于 2013 年年底宣布免费。Xen 因为推出的时间比较长，兼容性、稳定性都不错，目前使用 Xen 的主要是一些在 Xen 上面技术积累较多的企业。

（4）KVM。KVM 比较"年轻"，所以诞生的时候吸收了许多虚拟化技术的优点，一开始就支持硬件虚拟化技术，没有历史兼容包袱。所以，KVM 一经推出，性能就非常优异。目前，KVM 是 OpenStack 平台上首选的虚拟化引擎。国内新一代的公有云全部采用 KVM 作为底层的虚拟化引擎。KVM 已经成为开源解决方案的主流选择。

4.1.3 KVM 的前景

尽管 KMV 是一个相对较新的虚拟机管理程序，但是诞生不久就被 Linux 社区接纳，成为随

Linux 内核发布的轻量型模块。与 Linux 内核集成，使 KVM 可以直接获益于最新的 Linux 内核开发成果，如更好的进程调度支持、更广泛的物理硬件平台驱动、更高的代码质量等。

作为相对较新的虚拟化方案，KVM 一直没有成熟的工具可用于管理 KVM 服务器和客户机。但是，现在随着 libvirt、virt-manager 等工具和 OpenStack 等云计算平台的逐渐完善，KVM 管理工具在易用性方面的劣势已经逐渐被克服。另外，KVM 仍然可以改进虚拟网络的支持、虚拟存储支持、增强的安全性、高可用性、容错性、电源管理、HPC/实时支持、虚拟 CPU 可伸缩性、跨供应商兼容性、科技可移植性等方面，而且目前 KVM 开发者社区比较活跃，也有不少大公司的工程师参与开发，相信越来越多功能都会在不远的将来得到完善。

4.2　KVM 的相关发行版概况

4.2.1　RHEL 和 Fedora 中的 KVM

1．RHEL 中的 KVM

（1）RHEL 是经过充分测试的比较稳定的企业级 Linux 发行版。

（2）在高可用性、可扩展性、可管理性、负载均衡等方面都做了优化。

（3）在 RHEL 6.3 系统中，与 KVM 虚拟化相关的 RPM 包括如下几个：

● QEMU-KVM-xxx.x86_64

● qemu-img-xxx.x86_64

● libvirt-xxx.x86_64

● libvirt-client-xxx.x86_64

● libvirt-python-xxx.x86_64

● virt-manager-xxx.x86_64

● virt-viewer.x86_64

2．Fedora 中的 KVM

（1）Fedora 是一个 Linux 发行版，是一款由全球社区爱好者构建的面向日常应用的快速、稳定、强大的操作系统。它允许任何人自由地使用、修改和重发布。

（2）红帽公司对 Fedora 项目和社区都有比较大的支持力度。

（3）Fedora 系统大约每 6 个月发布一次正式版本。

（4）Fedora 17 中与 KVM 虚拟化相关的软件包比 RHEL 中的更多一些，多出的部分如下：

● qemu-system-x86-xxx.x86_64

● qemu-common-xxx.x86_64

● libvirt-daemon-xxx.x86_64

● virt-manager-common-xxx.fc17.noarc

3．支持 KVM 虚拟化的内核与用户空间的工具

（1）RHEL 系统从 6.0 版本开始默认的内核就支持 KVM 虚拟化，而且在安装系统时可以

选择与虚拟化相关的软件包。

（2）由于 Fedora 最初也是从 RedHat Linux 中衍生出来的，因此 Fedora 的使用方法与 RHEL 有非常多的相似之处。

4.2.2 SLES 和 openSUSE 中的 KVM

1. SLES 中的 KVM

（1）SLES 是 SUSE 开发的基于 Linux 的操作系统，是 SUSE Linux Enterprise Server 的缩写。

（2）主要用于服务器、工作站等领域，但也可以安装在台式机上进行测试。

（3）SLES 的大版本一般是 3 到 4 年发布一次，小版本大约 18 个月为一个发布周期。

（4）SLES 11 SP2 在官方发布版本中支持 Xen 和 KVM 两种虚拟化技术。

（5）在 SLES 11 SP2 中，可以使用 YaST 工具选择"Virtualization"（虚拟化）中的 "Hypervisor and Tools"（虚拟机管理程序与工具），选中"KVM"，然后确定即可安装 KVM 虚拟化相关的软件包。SLES 11 SP2 中的内核已经将 KVM 的支持编译进去了。

（6）在 SLES 11 SP2 中也是使用 libvirt.virt-manager、virt-viewer 等工具来管理 KVM 虚拟化的，在 SLES 中的用法与之非常类似。

（7）安装好 KVM 虚拟化工具后，可在 SLES 的 YaST 管理中心（YaST Control Center）中查看虚拟化相关的工具和配置。如图 4.4 所示是 SLES 中的 KVM 控制面板。

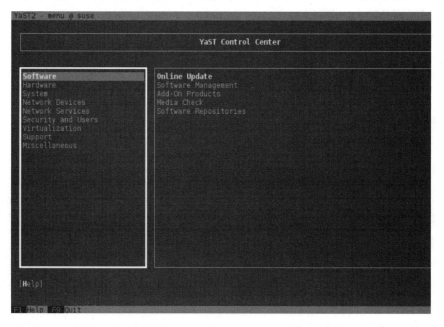

图 4.4　SLES 中的 KVM 控制面板

2. openSUSE 中的 KVM

（1）openSUSE 和 SLES 的关系，与 Fedora 和 RHEL 的关系类似。

（2）SLES 是需要购买许可证才能使用的商业化的企业级 Linux 系统，而 openSUSE 是由社区开发和维护的完全免费和开源的项目。

4.2.3　Ubuntu 中的 KVM

（1）Ubuntu 是一个基于 Debian 发行版的免费和开源的 Linux 操作系统。

（2）Ubuntu 系统的开发是由 Ubuntu 基金会组织一些大公司的工程师及许多个人开发者共同完成的。

（3）由于 Ubuntu 的自由和开放性及功能的易用性，Ubuntu 是目前在台式机和笔记本上最流行的桌面级 Linux 发行版之一。

（4）除了桌面应用，Ubuntu 也发布了其 Server 版本用于服务器领域。

（5）Ubuntu 基金会计划每 6 个月发布一次新版本，目前一般是在每年的 4 月和 10 月分别发布新版本，对普通版本提供 18 个月的技术支持。

（6）Ubuntu 采用发布版本时的年份和月份来作为发布的版本号，如 18.04 版就是在 2018 年 4 月发布的版本。

（7）Ubuntu 一般会每隔两年发布一次长期支持版，对于目前的 LTS 版本提供支持的时间为 5 年。如图 4.5 所示是 Ubuntu 的桌面。

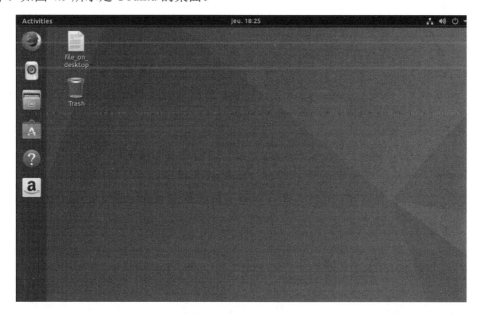

图 4.5　Ubuntu 的桌面

（8）Ubuntu 首选 KVM 作为其虚拟化技术方案，同时也使用 libvirt 作为 KVM 虚拟化管理的 API，使用 virsh、virt-manager 等工具来调用 libvirt 以管理 KVM 虚拟化。

（9）在 Ubuntu 上，可以使用"apt-get"命令来安装 KVM 相关的软件包：

- sudo apt-get install QEMU-KVM libvirt-bin bridge-utils
- sudo apt-get install ubuntu-vm-builder
- sudo apt-get install virt-managervirtinst

如图 4.6 所示是安装 KVM 虚拟机的步骤。

图 4.6　安装 KVM 虚拟机的步骤

4.3 KVM 的软件生态圈

4.3.1 GNOME

1. GNOME 简介

GNOME（GNU Network Object Model Environment）是一种 GNU 网络对象模型环境，作为 GNU 计划的一部分，也是开放源码运动的一个重要组成部分。GNOME 是一种让使用者容易操作和设定电脑环境的工具，目标是基于自由软件，为 UNIX 或者类 UNIX 操作系统构造一个功能完善、操作简单、界面友好的桌面环境，是 GNU 计划的正式桌面。

GNOME 可以运行在包括 GNU/Linux（通常叫作 Linux）、Solaris、HP-UX、BSD 和 Apple's Darwin 系统上。GNOME 拥有许多强大的特性，如高质量的平滑文本渲染，首个国际化和可用性支持，并且包括对反向文本的支持（注：有些国家和地区的文字是从右往左排版的）。

GNOME 运行在大多数类 UNIX 系统中，并被 Sun Microsystems 公司采纳为 Solaris 平台的标准桌面，取代了过时的 CDE。Sun Microsystems 公司也以 Java Desktop System 名义发布了一个商业版的桌面，即一个被 SUSE Linux 系统使用的基于 GNOME 的桌面。GNOME 也移植到 Cygwin，使其能运行于 Microsoft Windows。GNOME 还被众多 LiveCD Linux 发行版使用，如 Gnoppix 和 Morphix。GNOME 部分版本界面如图 4.7 所示。

图 4.7　GNOME 部分版本界面

2. GNOME 的发展过程

GNOME 属于 GNU 计划中的一部分。GNU 计划开始于 1984 年，专注于发展类似 UNIX 且完全免费的操作系统。

GNOME 计划是 1997 年 8 月由 Miguel de Icaza 和 Federico Mena 发起的，作为 KDE 的替

代品，使用孟加拉国语的 GNOME KDE 是一个基于 Qt 部件工具箱的自由桌面环境，而 Qt 是由 Trolltech 开发的，当时并未使用自由软件许可。GNU 项目的成员关注于使用像这样的一种工具箱构造自由的软件桌面和应用软件，从而发起两个项目：一个是作为纯粹 Qt 库替代品的 Harmony；另一个目的就是在于使用完全与 Qt 无关的自由软件构造桌面系统的 GNOME 项目。

在 GNOME 变得实用和普及之后，2000 年 9 月，Trolltech 在 GNU GPL 和 QPL 双重许可证下发布了 GNU/Linux 版的 Qt 库。但是 Qt 的许可证还是在许多人中间存在争议，因为 GPL 用于库时对与之链接的代码（如 KDE 框架和任何为其编写的程序）都施加了许可证限制。

GIMP Toolkit（GTK+）被选中作为 Qt Toolkit 的替代，担当 GNOME 桌面的基础。GTK+ 使用 GNU 宽通用公共许可证（LGPL，一个自由软件许可证），允许链接到它的软件如 GNOME 的应用程序使用任意的许可证。GNOME 桌面的库使用 LGPL，而 GNOME 计划内的应用程序使用 GPL 许可证。

GNOME 桌面系统使用 C 语言编程，但也存在一些其他语言的绑定，使得能够使用其他语言编写 GNOME 应用程序，如 C++、Java、Ruby、C#、Python、Perl 等。

为了处理管理工作、施加影响，以及与对开发 GNOME 软件有兴趣的公司联系，2000 年 8 月成立了 GNOME 基金会。基金会并不直接参与技术决策，而是协调发布和决定哪些对象应该成为 GNOME 的组成部分。基金会网站将其成员资格定义为："按照 GNOME 基金会章程，任何对 GNOME 有贡献者都可能是合格的成员。尽管很难精确定义，贡献者一般必须对 GNOME 计划有不小的帮助。其贡献形式包括代码、文档、翻译、计划范围的资源维护或者其他对 GNOME 计划有意义的重要活动。"基金会成员每年 11 月选举董事会，其候选人必须也是贡献者。

3．GNOME 的特点

（1）自由性。GNOME 是完全公开的（免费软件），它是由世界上许多软件开发人员所发展出来的，可以免费地取得其源代码。对使用者而言，GNOME 有许多方便之处，GNOME 提供非文字的接口，让使用者能轻易地使用应用程序。

（2）模式简单。操作者可方便地对 GNOME 进行设定，可以将它设定成任何模式。GNOME 的 Session 管理员能记住先前系统的设定状况，因此，只要设定好用户的环境，它就能够以想要的方式呈现出来。GNOME 甚至还支援"拖拉"协定，让 GNOME 能够使用本来不支持的应用程序。

对软件开发者而言，GNOME 也有它的方便之处。软件开发人员无须购买昂贵的版权来让发展出来的软件相容于 GNOME。事实上，GNOME 是不受任何厂商约束的，其任一组件的开发或修改均不受限于某家厂商。

（3）支持多种语言。GNOME 可以用多种程序语言来撰写，并不受限于单一语言，也可以新增其他不同的语言。GNOME 使用 Common Object Request Broker Architecture（CORBA）让各个程序组件彼此正常地运作，而无须考虑它们是何种语言所写成的，甚至是在何种系统上执行的。GNOME 可在许多类似 UNIX 的作业平台上执行，包括 Linux。

GNOME 计划提供两个方面的内容：

①GNOME 桌面环境：一个对最终用户来说符合直觉并十分吸引人的桌面；

②GNOME 开发平台：一个能使开发的应用程序与桌面其他部分集成的可扩展框架。

GNOME 桌面主张简单、好用和恰到好处，因此 GNOME 开发中有两点非常突出：一是可达性，设计和建立为所有人所用的桌面和应用程序，无须考虑其技术技巧或者身体是否残疾；二是国际化，保证桌面和应用程序可以用于很多语言。

4.3.2 virt-manager

1. virt-manager 简介

virt-manager 是用于管理 KVM 虚拟环境的主要工具。

设计 virt-manager 的主要目的在于管理虚拟机的可视化桌面应用，可以将其看作一个通用的虚拟机管理软件，用来管理 QEMU、Xen、KVM 虚拟机。

当然，使用 Xen 提供的 XM 工具也可以管理上述虚拟机，而 virt-manager 提供了一套集成度高、方便易用的工具和可视化的操作方式。同时，virt-manager 是基于 libvirt 和 python-binding 编写的软件，其扩展性较好，也能为其他系统提供丰富的次开发接口。

如图 4.8 所示，virt-manager 界面使用了 GTK+和 Glade。

图 4.8　virt-manager 界面

2. virt-manager 相关功能

virt-manager 工具在图形界面中实现了一些易用的和比较丰富的虚拟化管理功能，已经为用户提供的功能如下：

（1）对虚拟机（即客户机）生命周期的管理，如创建、编辑、启动、暂停、恢复和停止虚拟机，还包括虚拟快照、动态迁移等功能。

（2）运行中客户机的实时性能、资源利用率等的监控，统计结果的图形化展示。

（3）对创建客户机的图形化的引导，对客户机的资源分配、虚拟硬件的配置和调整等功能也提供了图形化的支持。

（4）内置了一个 VNC 客户端，可以用于连接到客户机的图形界面进行交互。

（5）支持本地或远程管理 KVM、Xen、QEMU、LXC 等 Hypervisor 上的客户机。

4.3.3　virt-viewer、virt-install 和 virt-top

1．virt-viewer 简介

virt-viewer 是"Virtual Machine Viewer"（虚拟机查看器）工具的软件包和命令行工具名称，是一个用于显示虚拟机的图形控制台的最小工具。控制台使用 VNC 或 SPICE 访问协议。其中，VNC 是 Virtual Network Console（虚拟网络控制台）的缩写，是一款优秀的远程控制工具软件，主要用于 Linux 的服务器管理。由于不支持声音和 USB 传输，无法满足虚拟桌面的使用。SPICE 是 Simple Protocol for Independent Computing Environments（独立计算环境简单协议）的缩写，是红帽公司收购 Qumranet 后获得的虚拟技术，网络流量较大。由于在色彩、音频和 USB 方面适用于虚拟桌面，主要用于虚拟机的虚拟桌面应用。

virt-viewer 可以基于其名称、ID 或 UUID 来连接客户虚拟机，如果客户端尚未运行，则可以告知观看者请等待，直到它开始，然后尝试连接到控制台。此查看器可以连接到远程主机，以查找控制台信息，然后也使用同一网络连接到远程控制台。其连接界面如图 4.9 所示。

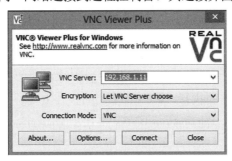

图 4.9　virt-viewer 连接界面

2．virt-install 简介

virt-install 是"Virt Install"工具的命令名称，是一个用来配置新的虚拟机器的命令行工具。virt-install 命令行工具为虚拟客户机的安装提供了一个便捷易用的方式，它也是通过调用 libvirt API 来创建 KVM、Xen、LXC 等上面的客户机的，此工具以 python-virtinst 软件包的一部分进行安装。

同时，它也为 virt-manager 的图形界面创建客户机提供了安装系统的 API。virt-install 工具使用文本模式的串口控制台和 VNC（或 SDL）图形接口，可以支持基于文本模式和图形界面的客户机安装。

virt-install 中用到的安装介质（如光盘、ISO 文件）可以存放在本地系统上，也可以存放在远程的 NFS、HTTP、FTP 服务器上。virt-install 支持本地的客户机系统，也可以通过"--connect URI"（或"-c URI"）参数来支持在远程宿主机中安装客户机。使用 virt-install 中的一些选项（如"--initrd-inject""--extra-args"等）和 kickstart 文件，可以实现无人值守地自动化安装客户机系统。

3．virt-top 简介

virt-top 是一个用于展示虚拟化客户机运行状态和资源使用率的工具，它和 Linux 系统上

常用的"top"工具类似，而且它的许多快捷键和命令行参数的设置都与"top"工具相同。

virt-top 也是使用 libvirt API 来获取客户机的运行状态和资源使用情况的，所以也是只要 libvirt 支持的 Hypervisor，就可以用 virt-top 监控该 Hypervisor 上的客户机状态。

直接运行"virt-top"命令后，将会显示出当前宿主机上各个客户机的运行情况，其中包括宿主机的 CPU、内存的总数，也包括各个客户机的运行状态、CPU、内存的使用率。关于 virt-top 工具的更多更详细参数配置，可以参考通过"man virt top"命令查看到的相应的帮助文档。

4.4 KVM 的 CPU、内存、存储配置

4.4.1 CPU 介绍及配置

1. CPU 介绍

CPU 作为计算机系统的"大脑"，是最重要的部分，负责计算机程序指令的执行。KVM 中的 CPU 为其宿主机中的进程。

在 QEMU/KVM 中，QEMU 提供对 CPU 的模拟，展现给客户机一定的 CPU 数目和 CPU 特性；在 KVM 打开的情况下，客户机中 CPU 指令的执行由硬件处理器的虚拟化功能（如 Intel VT-X 和 AMD AMD-V）来辅助执行，具有非常高的执行效率。

2. KVM 中的 CPU 相关介绍

在 KVM 环境中，系统底层 CPU 硬件需要有硬件辅助虚拟化技术的支持（Intel-VT 或 AMD-V 等），宿主机就运行在硬件之上，KVM 的内核部分作为可动态加载内核模块运行在宿主机中。

而 KVM 中的一个客户机是作为一个用户空间进程运行的。它和其他普通的用户空间进程一样由内核来调度，使其运行在物理 CPU 上。如图 4.10 所示是其虚拟化的抽象图。

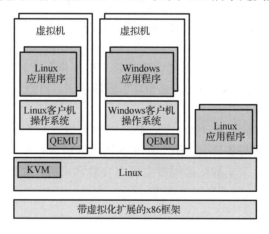

图 4.10　KVM 虚拟化抽象图

在图 4.10 中，QEMU/KVM 为客户机提供一套完整的硬件系统环境，在客户机看来其所拥有的 CPU 即是 vCPU。在 KVM 环境中，每个客户机都是一个标准的 Linux 进程（QEMU 进程），而每个 vCPU 在宿主机中是 QEMU 进程派生的一个普通线程。

KVM 模块让 Linux 主机成为一个虚拟机监视器（VMM），并且在原有的 Linux 两种执行模式基础上新增加了客户模式。客户模式拥有自己的内核模式和用户模式。

因此，在虚拟机运行时有三种模式：

（1）客户模式：执行非 I/O 的客户代码，虚拟机运行在这个模式下。

（2）用户模式：代表用户执行 I/O 指令，QEMU 运行在这个模式下。

（3）内核模式：实现客户模式的切换，处理因为 I/O 或者其他指令引起的从客户模式退出（VM_EXIT），KVM 模块运行在这个模式下。

KVM 模型中，每一个客户机操作系统都是作为一个标准的 Linux 进程，都可以使用 Linux 进程管理命令进行管理。

3．QEMU-KVM 相比原生 QEMU 的改动

原生的 QEMU 通过指令翻译实现 CPU 的完全虚拟化，但是修改后的 QEMU-KVM 会通过 ioctl 命令来调用 KVM 模块。

原生的 QEMU 不需要依赖 CPU 硬件虚拟化，QEMU-KVM 需要依赖 CPU 硬件虚拟化。QEMU 虚拟出的每个虚拟机对应宿主机上的一个 QEMU 进程，而虚拟机的执行线程（如 CPU 线程、I/O 线程等）对应 QEMU 进程的一个线程。

I/O 线程用于管理模拟设备，vCPU 线程用于运行客户机代码。KVM 组成如图 4.11 所示。

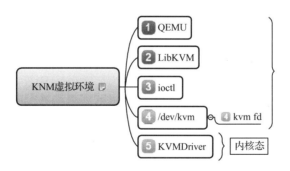

图 4.11　KVM 组成

4．KVM 基于三种内核模式的工作原理

用户模式的 QEMU 通过 ioctl 命令进入内核模式；KVM 模块为虚拟机创建虚拟内存、虚拟 CPU 后执行 vmlauch 指令进入客户模式，加载客户机操作系统并执行。如果客户机操作系统发生外部中断或者影子页表缺页之类的情况，会暂停客户机操作系统的执行，退出客户模式进行异常处理，执行客户代码。如果发生 I/O 事件或者信号队列有信号到达，就会进入用户模式处理。如图 4.12 所示是 KVM 的工作原理。

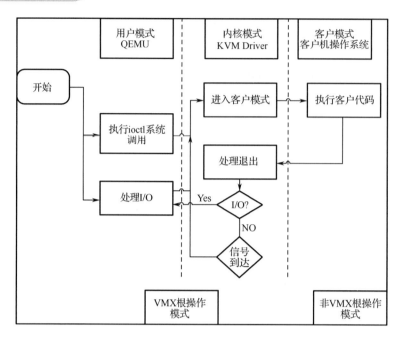

图 4.12　KVM 工作原理

4.4.2　内存介绍及配置

1．内存虚拟化简介

内存是除 CPU 外最重要的组件，客户机操作系统最终使用的还是宿主机的内存，所以内存虚拟化其实就是关于如何实现客户机操作系统到宿主机物理内存之间的各种地址转换。KVM 经历了三代的内存虚拟化技术，大大加快了内存的访问速度。

2．内存的地址转换

在保护模式下，普通的应用进程使用的都是自己的虚拟地址空间，一个 64 位的机器上的每一个进程都可以访问 0 到 2^{64} 的地址范围，实际上内存并没有这么多，也不会给你这么多。对于进程而言，它拥有所有的内存；对内核而言，只分配了一小段内存给进程，待进程需要更多的内存时再分配更多内存给进程。

通常应用进程所使用的内存叫作虚拟地址，而内核所使用的是物理内存。内核负责为每个进程维护虚拟地址到物理内存的转换关系映射。

首先，逻辑地址需要转换为线性地址，然后由线性地址转换为物理地址，即逻辑地址→线性地址→物理地址。如图 4.13 所示是逻辑地址转换示意图。

一个完整的逻辑地址 = [段选择符：段内偏移地址]，查找 GDT 或者 LDT（通过寄存器 GDTR 或 LDTR），找到描述符，通过段选择符（selector）前 13 位在段描述符做索引，找到基础地址，基础地址+段内偏移地址就是线性地址。

逻辑地址到线性地址的转换在虚拟化这一层不存在实际的虚拟化操作。和传统方式一样，最重要的是线性地址到物理地址这一层的转换。

传统的线性地址到物理地址的转换由 CPU 的页式内存管理。

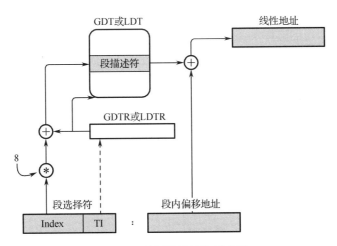

图 4.13　逻辑地址转换示意图

页式内存管理负责将线性地址转换为物理地址。一个线性地址被分为五段描述，第一段为基地址，通过与当前 CR3 寄存器（CR3 寄存器每个进程有一个，线程共享，当发生进程切换时，CR3 被载入到对应的寄存器中，这也是各个进程的内存隔离的基础）做运算，得到页表的地址 index，通过四次运算，最终得到一个大小为 4KB 的页（有可能更大，如设置了大页内存以后）。整个过程都是 CPU 完成的，进程不需要参与其中，如果在查询中发现页已经存在，则直接返回物理地址；如果页不存在，那么将产生一个缺页中断，内核负责处理缺页中断，并把页加载到页表中，中断返回后，CPU 获取到页地址后继续进行运算。如图 4.14 所示是页面内存管理示意图。

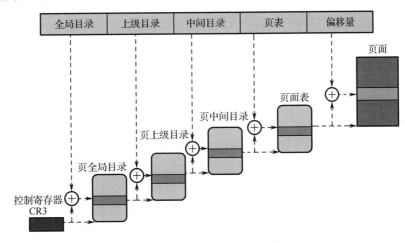

图 4.14　页面内存管理示意图

3．KVM 中的内存结构

由于 QEMU-KVM 进程在宿主机上作为一个普通进程，对于客户机而言，需要的转换过程如下所示：

（1）客户机层：客户机虚拟内存地址（GVA）→客户机线性地址→客户机物理地址（GPA）。

（2）宿主机虚拟层：宿主机虚拟地址（HVA）→宿主机虚拟线性地址→宿主机虚拟物理地址（HPA）。

4．EPT 技术

EPT 也就是扩展页表（Extended Page Tables），这是 Intel 开创的硬件辅助内存虚拟化技术。前已述及，内存的使用是一个逻辑地址跟物理地址转换的过程。虚拟机内部有逻辑地址转换成物理地址的过程，然后再跳出来，虚拟机这块内存又跟宿主机存在逻辑地址到物理地址的转换。有了 EPT 技术，就能够将虚拟机的物理地址直接翻译为宿主机的物理地址，从而把后面那个转换过程去掉，提升了效率。

现在的服务器都支持这项技术，只要在 BIOS 中打开了 Intel 的 VT 设置即可。

所以，这是基于硬件的优化，目前不需要额外的操作。其工作流程图如图 4.15 所示。

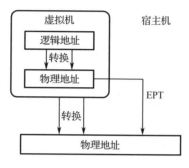

图 4.15　EPT 工作流程图

5．大页和透明大页

所谓的大页指的是内存的大页面。当然，有大页面必然有对应的小页面。内存中采用的是分页机制，当初提出这个机制的时候，计算机的内存大小也就几十兆（MB），所以当时内存默认的页面大小都是 4KB。这个 4KB 也就是所谓的小页面。但是随着计算机的硬件发展，现在的内存基本上都是几十 GB 甚至上百 GB 了。显然，如果还是以 4KB 为小页单位的方式，那么必然会存在一些问题。例如，操作系统如果还是小页存在，那么将会产生较多的 TLB 失败（TLB Miss）和缺页中断，从而大大影响性能。

为什么小页就存在较多的 TLB 失败和缺页中断呢？比如说系统里的一个应用程序需要 2MB 的内容，如果操作系统还是以 4KB 小页为单位，那么内存里就要有 512 个页面（512×4KB=2MB），所以在 TLB 里就需要 512 个表项以及 512 个页表项，因此操作系统就要经历 512 次的 TLB 失败和 512 次的缺页中断才能将 2MB 的应用程序空间全部映射到物理内存里。如果 2MB 内存在物理内存里就需要经历 512 次操作，倘若内存需求更大的话操作数量必然会大大增加，从而间接地影响性能。

如果把这个 4KB 变成 2MB 的话，那工作量就变得相对轻松多了，一次 TLB 失败和缺页中断操作就完成了，大大地提升了效率。

6．KSM 技术

KSM（Kernel Samepage Merging）也就是所谓的相同页面内存压缩技术。KSM 服务在 Linux 系统里默认是开启的，其作用就是让内存利用得更加高效。我们知道内存是分页的，如果多个程序中用的内存都是相同的页面，那么 KSM 就会把相同的内存合并，这样就能腾出更多的空间。

KSM 在系统里有个守护进程，其作用就是不断地扫描宿主机的内存情况，检测有相同的页面就会合并，这或多或少会消耗 CPU 资源。可以使用如下命令，来开关 KSM 服务：

```
systemctl start|stop ksmd
systemctl start|stop ksmtuned
systemctl enable|disable ksmd
systemctl enable|disable ksmtuned
```

如果用户的环境内存资源比较丰富，VM 又不多，这个功能是否开启都影响不大；如果内存不够，又想多运行一些虚拟机，那么可以打开这个功能。但是一定要注意，这是一种内存超用的方案，如果一台宿主机里大部分虚拟机内存变化比较频繁，那么要慎重开启此功能，因为 KSM 会频繁地做内存扫描，不停地做内存合并操作，这会大量地消耗 CPU 资源。如果内存不够还会用到内存交换（swap），那么最终会严重影响虚拟机性能。也可设置让虚拟机不受宿主机 KSM 的影响，具体操作如下。

编辑虚拟机的 XML 文件，添加如下代码：

```
<memoryBacking>
    <nosharepages/>
</memoryBacking>
```

这样，这个 KSM 就不会去合并这个虚拟机的内存了。

总的来说，如果用户的环境硬件配置比较高，同时又追求 VM 数量，将 KSM 功能打开是一个很不错的选择。

7. 内存限制技术

通过虚拟机内存限制，可以让虚拟机的内存使用限制在一定范围内。这个操作有什么作用呢？例如，用户有一台 KVM 宿主机，里面运行着多个业务的虚拟机，有的虚拟机业务比较大、占用内存较多，有的业务比较小、用不了多少内存，那么可以通过内存限制技术来手动调节宿主机的内存分配。

当然这里要说明的是，使用这个功能前必须对用户的虚拟化环境特别清楚，如宿主机平时的负载情况以及各个虚拟机的负载情况。通过"memtune"命令或通过修改虚拟机的 XML文件来设定内存的限制。

"memtune"命令有以下 4 个参数：

（1）hard_limit：强制设置虚拟机最大使用内存，单位为 KB；

（2）soft_limit：可用最大内存，单位为 KB；

（3）swap_hard_limit：虚拟机最多使用的内存加上交换（swap）的大小，单位为 KB；

（4）min_guarantee：强制设置虚拟机最低使用的内存，单位为 KB。

举例来说，要给虚拟机 VM3_CentOS7.1 设置最大使用内存为 9GB，命令代码如下：

```
memtune VM3_CentOS7.1 --soft-limit 8388608 --config
```

以上就是通过命令来限制内存的方法。

4.4.3　存储配置

1. QEMU/KVM 中客户机镜像文件的构建方式

（1）KVM 的存储选项有多种，包括虚拟磁盘文件、基于文件系统的存储和基于设备的存储。

（2）本地存储的客户机镜像文件。

（3）物理磁盘或磁盘分区。

（4）LVM（Logical Volume Management），逻辑分区。

（5）NFS（Network File System），网络文件系统。

（6）iSCSI（Internet Small Computer System Interface），基于 Internet 的小型计算机系统接口。

（7）本地或光纤通道连接的 LUN（Logical Unit Number）。

（8）GFS2（Global File System 2）。

2. 使用文件来做镜像的优点

（1）存储方便，在一个物理存储设备上可以存放多个镜像文件。

（2）易用性，管理多个文件比管理多个磁盘、分区、逻辑分区等都要方便。

（3）可移动性，可以非常方便地将镜像文件移动到另外一个本地或远程的物理存储系统中去。

（4）可复制性，可以非常方便地对一个镜像文件进行复制或修改，从而供另一个新的客户机使用。

（5）稀疏文件可以节省磁盘空间，仅占用实际写入数据的空间。

（6）网络远程访问，镜像文件可以方便地存储在通过网络连接的远程文件系统（如 NFS）中。

第 5 章

KVM 中虚拟机的创建和管理

5.1 实验 QEMU-KVM 的配置和安装

1. 实验目的

（1）能通过相关命令编译安装 QEMU-KVM；
（2）能通过相关命令检测 QEMU-KVM 安装是否正确。

2. 实验内容

（1）运用"tar"命令解压 QEMU-KVM 包；
（2）运用"make"和"make install"命令编译安装 QEMU-KVM；
（3）通过命令来检查 QEMU-KVM 是否安装正确。

3. 实验原理

通过编译安装 QEMU-KVM 包之后，会创建 QEMU 的一些目录，拷贝一些配置文件到相应的目录下，拷贝 qemu-system-x86_64、qemu-img 等可执行程序到对应的目录下。通过查找是否拷贝了这些文件，来判断是否安装完成。

4. 实验环境

（1）Windows 操作系统环境，并且安装了 PuTTY 软件和 WinSCP 软件；
（2）CentOS 7 虚拟机或者物理机 1 台；
（3）QEMU-KVM-2.0.0.tar.gz 包。

5. 实验步骤

（1）解压缩 QEMU-KVM 压缩包。

用 CRT/PuTTY/Xshell 等软件，连接到自己实验虚拟机的 IP 地址。在本步骤中，首先下载源码包，地址为 https://git.kernel.org/pub/scm/virt/KVM/QEMU-KVM.git；紧接着把下载好的 QEMU-KVM-2.0.0.tar 压缩包传到 KVM 虚拟机中，可以使用 WinSCP 工具上传到/opt 目录下，如图 5.1 所示。

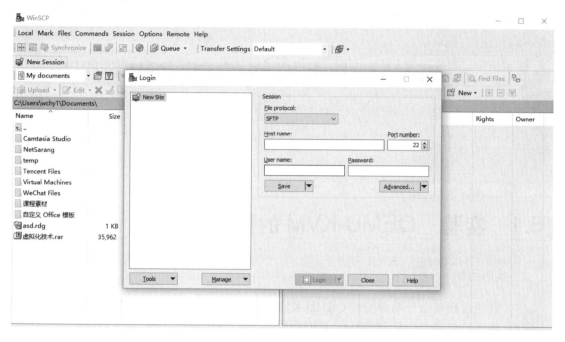

图 5.1　WinSCP 界面

用 "cd" 命令进入/opt 目录，用 "tar" 命令解压缩 QEMU-KVM 源码文件，解压命令如下所示（解压过程如图 5.2 所示）：

```
[root@KVM ~]# cd /opt
[root@KVM opt]# tar -zxvf QEMU-KVM-2.0.0.tar.gz
```

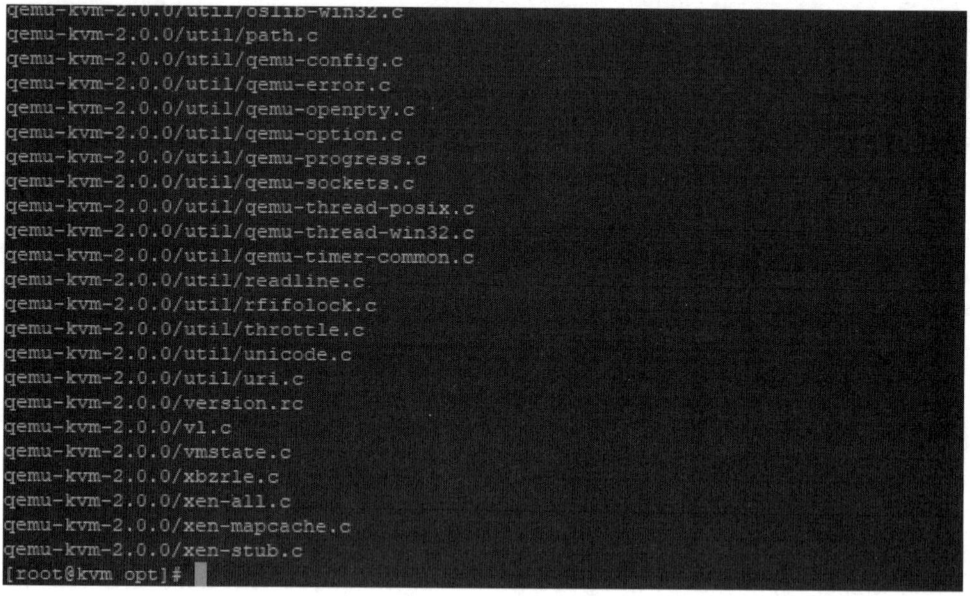

```
qemu-kvm-2.0.0/util/oslib-win32.c
qemu-kvm-2.0.0/util/path.c
qemu-kvm-2.0.0/util/qemu-config.c
qemu-kvm-2.0.0/util/qemu-error.c
qemu-kvm-2.0.0/util/qemu-openpty.c
qemu-kvm-2.0.0/util/qemu-option.c
qemu-kvm-2.0.0/util/qemu-progress.c
qemu-kvm-2.0.0/util/qemu-sockets.c
qemu-kvm-2.0.0/util/qemu-thread-posix.c
qemu-kvm-2.0.0/util/qemu-thread-win32.c
qemu-kvm-2.0.0/util/qemu-timer-common.c
qemu-kvm-2.0.0/util/readline.c
qemu-kvm-2.0.0/util/rfifolock.c
qemu-kvm-2.0.0/util/throttle.c
qemu-kvm-2.0.0/util/unicode.c
qemu-kvm-2.0.0/util/uri.c
qemu-kvm-2.0.0/version.rc
qemu-kvm-2.0.0/vl.c
qemu-kvm-2.0.0/vmstate.c
qemu-kvm-2.0.0/xbzrle.c
qemu-kvm-2.0.0/xen-all.c
qemu-kvm-2.0.0/xen-mapcache.c
qemu-kvm-2.0.0/xen-stub.c
[root@kvm opt]#
```

图 5.2　解压过程

（2）编译 QEMU-KVM。

在本步骤中，因为配置和编译 QEMU-KVM 需要依赖 C 语言函数库 zlib、glib2-devel 等，所以首先需要使用 "yum" 命令安装所需的函数库，安装命令如下：

```
[root@KVM opt]# yum install - y gcc* zlib-devel glib2-devel pixman-devel.
x86_64 libfdt-devel.x86_64 libtool
```

如果提示 yum 安装失败，可以更换成国内的阿里云，具体操作请读者自行查阅相关资料完成。安装完相关 C 语言函数库后，需要使用"cd"命令进入 QEMU-KVM 目录，接着运行 /opt/QEMU-KVM 目录下的"configure"来完成编译 QEMU-KVM 前的配置，命令如下（运行结果如图 5.3 所示）：

```
[root@KVM opt]#cd /opt/QEMU-KVM
[root@KVM QEMU-KVM-2.0.0]#./configure
```

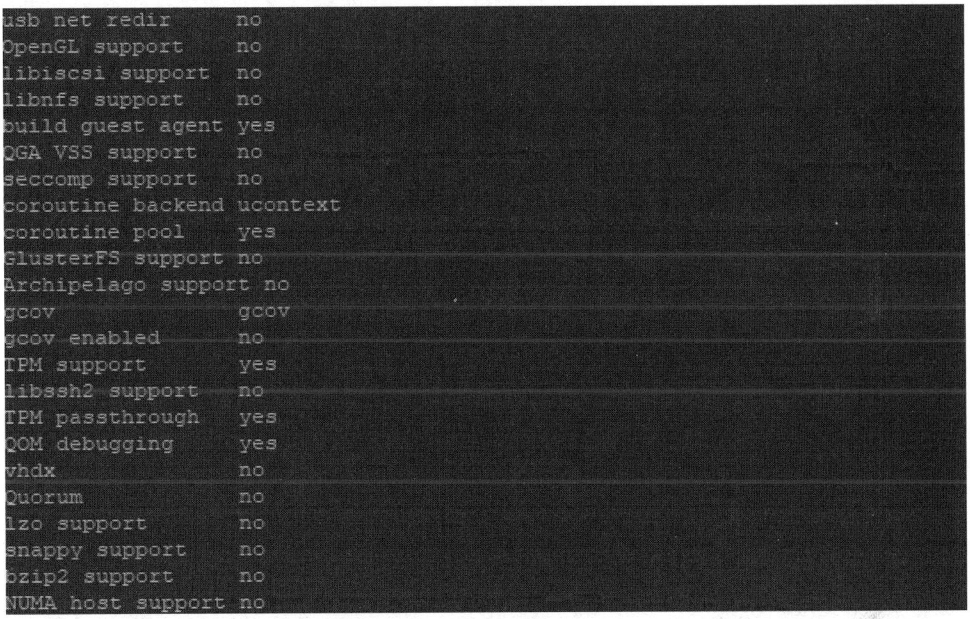

图 5.3　configure 运行结果

在以上配置完成后，只需运行"make"命令就可以完成对 QEMU-KVM 的编译，编译命令如下（编译过程如图 5.4 所示）：

```
[root@KVM QEMU-KVM]#make
```

（3）安装 QEMU-KVM。

QEMU-KVM 编译完成后，紧接着运行"make install"命令进行 QEMU-KVM 的安装，安装命令如下（安装结果如图 5.5 所示）：

```
[root@KVM-1-1 QEMU-KVM-2.0]#make install
```

（4）检查是否正确安装

QEMU-KVM 的安装过程的主要任务有：创建 QEMU 的一些目录，拷贝一些配置文件到相应的目录下，拷贝一些 firmware 文件（如 sgabios.bin 和 KVMvapic.bin）到目录下以便 QEMU-KVM 的命令行启动时可以找到对应的固件提供给客户机使用，拷贝 keymaps 到相应的目录下以便在客户机中支持各种所需键盘类型，拷贝 qemu-system-x86_64、qemu-img 等可执行程序到对应的目录下。可以通过查看文件位置的方法判断是否安装成功。

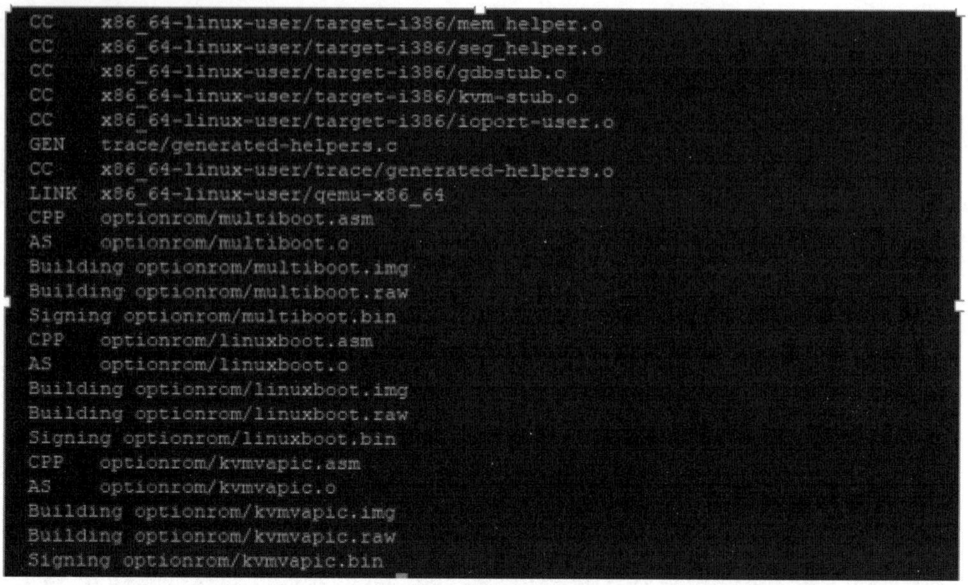

图 5.4　编译过程

图 5.5　安装结果

首先需要用"which"命令查看 qemu-system-x86_64 和 qemu-img 的路径，命令及执行结果如下：

```
[root@KVMt QEMU-KVM-2.0.0]# which qemu-system-x86_64
/usr/local/bin/qemu-system-x86_64
[root@KVM QEMU-KVM-2.0.0]#which qemu-img
/usr/local/bin/qemu-img
```

发现可以找到 QEMU-KVM，在/usr/local/bin 目录下。接着需要查看/usr/local/share/qemu/和/usr/local/share/qemu/keymaps/目录下是否有相关文件，命令如下（执行结果如图 5.6 所示）：

```
[root@KVM QEMU-KVM]#ls /usr/local/share/qemu/
[root@KVM QEMU-KVM]#ls /usr/local/share/qemu/keymaps/
```

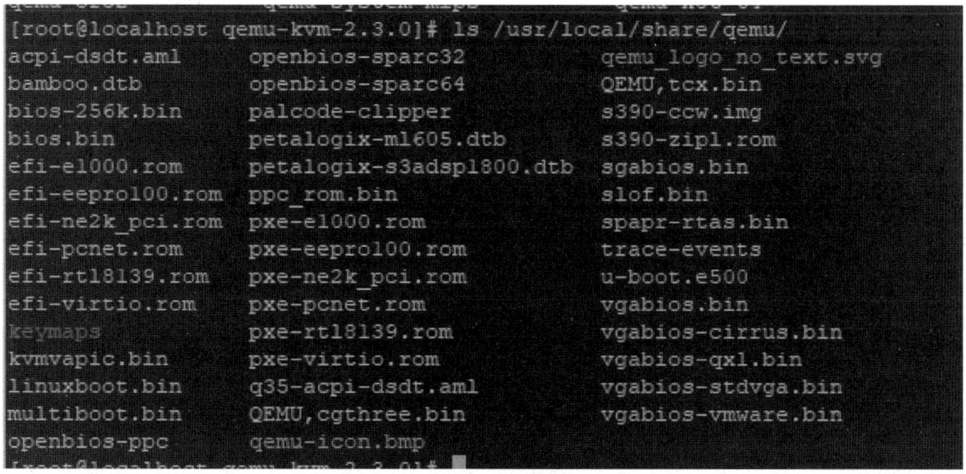

```
[root@localhost qemu-kvm-2.3.0]# ls /usr/local/share/qemu/
acpi-dsdt.aml          openbios-sparc32          qemu_logo_no_text.svg
bamboo.dtb             openbios-sparc64          QEMU,tcx.bin
bios-256k.bin          palcode-clipper           s390-ccw.img
bios.bin               petalogix-ml605.dtb       s390-zipl.rom
efi-e1000.rom          petalogix-s3adsp1800.dtb  sgabios.bin
efi-eepro100.rom       ppc_rom.bin               slof.bin
efi-ne2k_pci.rom       pxe-e1000.rom             spapr-rtas.bin
efi-pcnet.rom          pxe-eepro100.rom          trace-events
efi-rtl8139.rom        pxe-ne2k_pci.rom          u-boot.e500
efi-virtio.rom         pxe-pcnet.rom             vgabios.bin
keymaps                pxe-rtl8139.rom           vgabios-cirrus.bin
kvmvapic.bin           pxe-virtio.rom            vgabios-qxl.bin
linuxboot.bin          q35-acpi-dsdt.aml         vgabios-stdvga.bin
multiboot.bin          QEMU,cgthree.bin          vgabios-vmware.bin
openbios-ppc           qemu-icon.bmp
```

图 5.6　qemu 目录下的文件

可以看到有 QEMU 的相关文件，这样就证明安装成功了。

5.2　实验　KVM 实验环境准备

1．实验目的

（1）能够使用相关的命令安装图形化界面所需要的依赖包；
（2）能够使用相关的命令安装 KVM 其他所需要的组件；
（3）能够使用相关的命令查看磁盘、配置 LVM、挂载磁盘。

2．实验内容

（1）通过相关命令安装图形化界面；
（2）通过相关命令安装 KVM 其他所需要的组件；
（3）通过相关的命令配置磁盘。

3．实验原理

使用"fdisk"命令进行硬盘分区，也就是对硬盘的一种格式化。当创建分区时，就已经设置好了硬盘的各项物理参数，指定了硬盘主引导记录（Master Boot Record，MBR）和引导记录备份的存放位置。而对于文件系统以及其他操作系统管理硬盘所需要的信息，则是通过之后的高级格式化即"format"命令来实现的。用一个形象的比喻，分区就好比在一张白纸上画一个大方框，而格式化就好比在方框里打上格子，安装各种软件就好比在格子里写上字。分区和格式化就相当于为安装软件打基础，实际上它们为电脑在硬盘上存储数据起到标记定位的作用。

4．实验环境

（1）Windows 操作系统环境，并且安装了 PuTTY 软件；

（2）CentOS 7 系统虚拟机 1 台。

5．实验步骤

（1）安装图形化界面。

首先，使用 PuTTY 连接服务器。在本实验中，为了使用更为直观的图形化操作界面来管理虚拟机，需要使用"yum"命令安装底层的依赖包，安装命令如下（安装过程如图 5.7 所示）：

```
[root@ KVM ~]#yum -y group install gnome-desktop
```

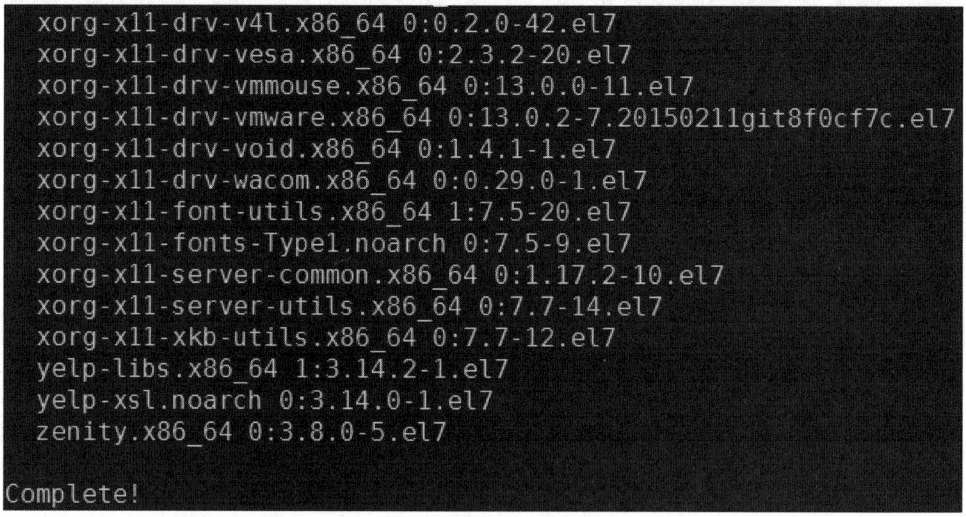

```
xorg-x11-drv-v4l.x86_64 0:0.2.0-42.el7
xorg-x11-drv-vesa.x86_64 0:2.3.2-20.el7
xorg-x11-drv-vmmouse.x86_64 0:13.0.0-11.el7
xorg-x11-drv-vmware.x86_64 0:13.0.2-7.20150211git8f0cf7c.el7
xorg-x11-drv-void.x86_64 0:1.4.1-1.el7
xorg-x11-drv-wacom.x86_64 0:0.29.0-1.el7
xorg-x11-font-utils.x86_64 1:7.5-20.el7
xorg-x11-fonts-Type1.noarch 0:7.5-9.el7
xorg-x11-server-common.x86_64 0:1.17.2-10.el7
xorg-x11-server-utils.x86_64 0:7.7-14.el7
xorg-x11-xkb-utils.x86_64 0:7.7-12.el7
yelp-libs.x86_64 1:3.14.2-1.el7
yelp-xsl.noarch 0:3.14.0-1.el7
zenity.x86_64 0:3.8.0-5.el7

Complete!
```

图 5.7　安装过程

（2）安装 KVM 其他支持组件。

前面已经完成了 KVM 基本环境的安装，为了更加方便地管理虚拟机，需要用"yum group install"命令来安装 KVM 的其他组件。命令如下（执行结果如图 5.8 所示）：

```
[root@ KVM ~]#yum -y group install virtualization-client
```

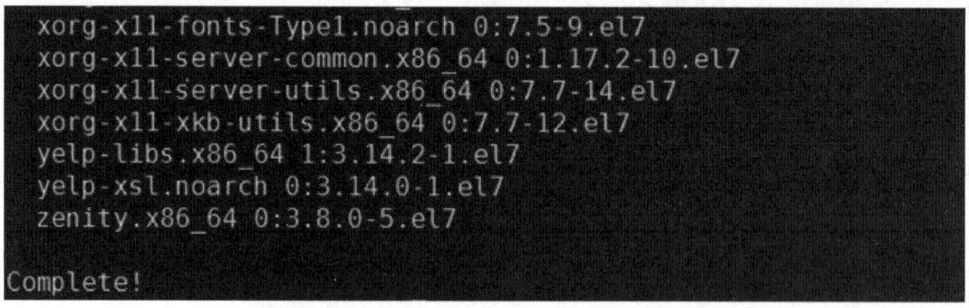

```
xorg-x11-fonts-Type1.noarch 0:7.5-9.el7
xorg-x11-server-common.x86_64 0:1.17.2-10.el7
xorg-x11-server-utils.x86_64 0:7.7-14.el7
xorg-x11-xkb-utils.x86_64 0:7.7-12.el7
yelp-libs.x86_64 1:3.14.2-1.el7
yelp-xsl.noarch 0:3.14.0-1.el7
zenity.x86_64 0:3.8.0-5.el7

Complete!
```

图 5.8　安装 virtualization-client

（3）配置磁盘。

由于创建的虚拟机磁盘只有 20GB，安装完前面一系列软件和组件后就所剩无几了，所以要添加一个新的硬盘。

在 WMware Workstation 中选择"虚拟机设置"→添加→硬盘，磁盘类型选择默认，磁盘容量为 20GB，新建磁盘。如图 5.9 至图 5.11 所示。

图 5.9　添加磁盘（1）

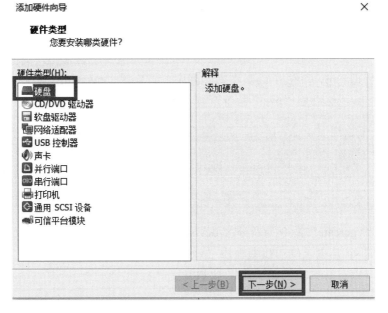

图 5.10　添加磁盘（2）

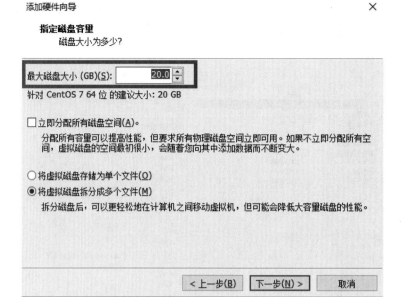

图 5.11 添加磁盘（3）

添加完成后重启虚拟机，以便识别硬盘。之后用"lsblk"命令查看当前磁盘情况，命令以及执行结果如下：

```
[root@localhost ~]# lsblk
NAME          MAJ:MIN RM  SIZE RO TYPE MOUNTPOINT
sda             8:0    0   20G  0 disk
  ├─sda1        8:1    0    1G  0 part /boot
  └─sda2        8:2    0   19G  0 part
    ├─cl-root 253:0    0   17G  0 lvm  /
    └─cl-swap 253:1    0    2G  0 lvm  [SWAP]
sdb            8:16    0   20G  0 disk  新添加的 sdb 磁盘
sr0           11:0     1 1024M  0 rom
[root@localhost ~]#
```

接下来创建物理卷 pv 和卷组 vg。在本步骤中，首先用"pvcreate"命令为新创建的分区 /dev/sdb 创建一个 pv，然后用"pvs"命令查看 pv 是否创建成功。命令以及执行结果如下：

```
[root@localhost ~]# pvcreate /dev/sdb
  Physical volume "/dev/sdb" successfully created.
[root@localhost ~]# pvs
  PV         VG Fmt  Attr PSize  PFree
  /dev/sda2  cl lvm2 a--  19.00g     0
  /dev/sdb      lvm2 ---  20.00g 20.00g
[root@localhost ~]#
```

紧接着使用"vgcreate"命令为新分区/dev/sdb 创建一个 vg，名为 vmvg；用"vgscan"命令查看当前创建的 vg 是否正确；接着使用"vgdispaly"命令显示 vmvg 的详细信息。命令以及执行结果如下（查看卷组结果如图 5.12 所示）：

```
[root@localhost ~]# vgcreate vmvg /dev/sdb
  Volume group "vmvg" successfully created
[root@localhost ~]# vgdisplay   //需要记住 PE 数量如图 5.12 所示
```

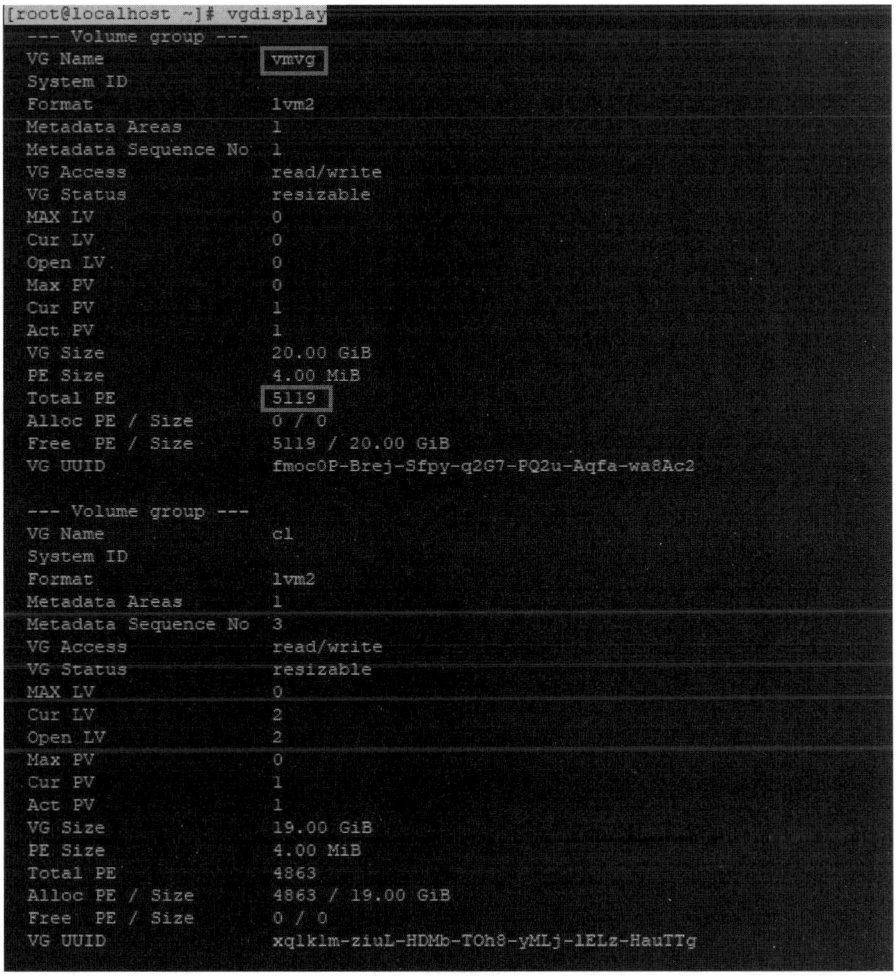

```
[root@localhost ~]# vgdisplay
  --- Volume group ---
  VG Name               vmvg
  System ID
  Format                lvm2
  Metadata Areas        1
  Metadata Sequence No  1
  VG Access             read/write
  VG Status             resizable
  MAX LV                0
  Cur LV                0
  Open LV               0
  Max PV                0
  Cur PV                1
  Act PV                1
  VG Size               20.00 GiB
  PE Size               4.00 MiB
  Total PE              5119
  Alloc PE / Size       0 / 0
  Free  PE / Size       5119 / 20.00 GiB
  VG UUID               fmoc0P-Brej-Sfpy-q2G7-PQ2u-Aqfa-wa8Ac2

  --- Volume group ---
  VG Name               cl
  System ID
  Format                lvm2
  Metadata Areas        1
  Metadata Sequence No  3
  VG Access             read/write
  VG Status             resizable
  MAX LV                0
  Cur LV                2
  Open LV               2
  Max PV                0
  Cur PV                1
  Act PV                1
  VG Size               19.00 GiB
  PE Size               4.00 MiB
  Total PE              4863
  Alloc PE / Size       4863 / 19.00 GiB
  Free  PE / Size       0 / 0
  VG UUID               xqlklm-ziuL-HDMb-TOh8-yMLj-lELz-HauTTg
```

图 5.12　查看 vg 结果

pv 和 vg 创建完成后，用 "lvcreate" 命令为 vmvg 卷组创建逻辑卷 lv，名为 lvvm；然后用 "lvscan" 命令查看刚刚创建的 lv 是否创建正确。命令以及结果如下所示：

```
[root@localhost ~]# lvcreate -n lvvm -l 5119 vmvg  //对应上图
  Logical volume "lvvm" created.
[root@localhost ~]# lvscan
  ACTIVE              '/dev/vmvg/lvvm' [20.00 GiB] inherit
  ACTIVE              '/dev/cl/swap' [2.00 GiB] inherit
  ACTIVE              '/dev/cl/root' [17.00 GiB] inherit
```

然后创建文件系统，在这里使用 "mkfs.ext4" 命令为新建的 lvvm 逻辑卷创建 ext4 文件系统，命令以及结果如下所示：

```
[root@localhost ~]# mkfs.ext4 /dev/vmvg/lvvm
mke2fs 1.42.9 (28-Dec-2013)
Filesystem label=
OS type: Linux
Block size=4096 (log=2)
Fragment size=4096 (log=2)
Stride=0 blocks, Stripe width=0 blocks
1310720 inodes, 5241856 blocks
262092 blocks (5.00%) reserved for the super user
```

```
First data block=0
Maximum filesystem blocks=2153775104
160 block groups
32768 blocks per group, 32768 fragments per group
8192 inodes per group
Superblock backups stored on blocks:
        32768, 98304, 163840, 229376, 294912, 819200, 884736, 1605632, 2654208,
4096000

Allocating group tables: done
Writing inode tables: done
Creating journal (32768 blocks): done
Writing superblocks and filesystem accounting information: done
```

最后挂载硬盘。修改/etc/fstab 配置文件，在文件末尾添加一行/dev/vmvg/lvvm /vm ext4 defaults 0 0，命令以及结果如下所示：

```
[root@localhost ~]# echo "/dev/vmvg/lvvm /vm ext4 defaults 0 0" >>/etc/fstab
```

紧接着用"mkdir"命令在/下创建挂载点/vm，用来放置虚拟机文件，命令如下：

```
[root@localhost ~]# mkdir /vm
[root@localhost ~]# mount /vm
```

（4）实验验证。

本次验证，需要首先检查根目录下是否存在 vm 目录，然后检查磁盘，最后查看是否可以启动图形化界面。命令以及执行结果如下所示（启动结果如图 5.13 所示）：

图 5.13　启动图形界面

```
[root@localhost ~]# ll /vm  #查看/vm 目录情况
total 16
drwx------. 2 root root 16384 Jul 28 06:29 lost+found

[root@localhost ~]# df -h        #查看挂载情况
Filesystem             Size  Used Avail Use% Mounted on
```

```
/dev/mapper/cl-root     17G  5.8G  12G  34% /
devtmpfs                1.9G    0  1.9G   0% /dev
tmpfs                   1.9G    0  1.9G   0% /dev/shm
tmpfs                   1.9G  9.1M  1.9G   1% /run
tmpfs                   1.9G    0  1.9G   0% /sys/fs/cgroup
/dev/sda1               1014M 186M  829M  19% /boot
tmpfs                   378M    0  378M   0% /run/user/0
/dev/mapper/vmvg-lvvm   20G   45M   19G   1% /vm

[root@localhost ~]# startx      #启动图形化界面，如图 5.13 所示。
```

5.3　实验　使用 virt-manager 创建虚拟机

1．实验目的

（1）能够熟练掌握 virt-manager 的使用环境，并在 Windows 下安装 Xming；

（2）能够通过 WinSCP 上传镜像，并使用 virt-manager 创建虚拟机。

2．实验内容

（1）在 Windows 环境下安装 Xming；

（2）修改 PuTTY 选项，使之能够使用 Xming；

（3）上传实验的镜像，并使用 virt-manager 创建测试虚拟机。

3．实验原理

（1）Xming 是一个 Windows 平台上免费的 X Windows Server，可以方便地在 Windows 中运行 Linux 应用程序；

（2）virt-manager 是一个图形化的虚拟机管理工具，通过一个嵌入式虚拟网络计算（VNC）客户端查看器为客户虚拟机提供一个完整图形控制台。

4．实验环境

（1）Windows 操作系统环境，安装了 PuTTY 和 WinSCP 软件；

（2）CentOS 7 操作系统，安装了 QEMU-KVM、gnome-desktop、virtualization-client；

（3）准备 Xming 的安装包；

（4）Core-9.0.iso 的镜像包。

5．实验步骤

（1）实验环境准备。

准备工作包括：查看当前的实验环境，在 Windows 下安装 X-ming，然后创建存放操作系统安装介质的目录。

首先在 Windows 操作系统下安装 Xming。Xming 是一个 Windows 平台上免费的 X Windows Server，可以方便地实现在 Windows 中运行 Linux 应用程序。

下载地址：http://sourceforge.net/projects/xming/。

下载后默认安装配置，即一直单击"下一步"按钮。完成配置后如图 5.14 所示，单击"安装"按钮即可安装成功。

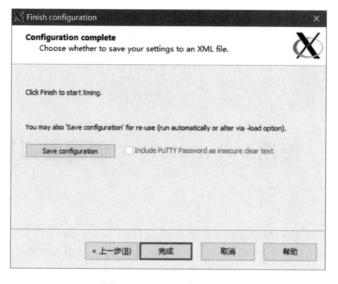

图 5.14　Xming 安装界面

Xming 安装完成后，其配置还需要在远程终端设置端口转发。

然后打开 PuTTY 远程连接终端，在选项中选择"会话"选项。在端口转发中找到"远程/X11"菜单，然后勾选开启"Enable X11 forwarding"转发 X11 数据包，如图 5.15 所示。

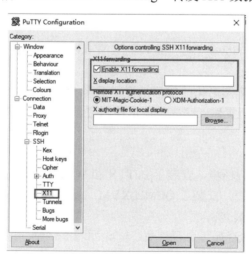

图 5.15　PuTTY 配置 X11

最后要创建 iso 文件目录用来存放实验所需要的 ISO 镜像文件，命令以及执行结果如下所示：

```
[root@localhost ~]# mkdir /iso      创建/iso 目录
[root@localhost ~]# ls /            列出目录
bin   dev  home  lib     media  opt   root  sbin  sys  usr  vm
boot  etc  iso   lib64   mnt    proc  run   srv   tmp  var
```

操作完成后可以看到 iso 目录创建成功。

至此，实验环境准备工作已经完成。

（2）上传系统镜像。

使用 WinSCP 工具上传系统镜像至 KVM 服务器。在本步骤中，使用 WinSCP 工具把 core9.iso 测试镜像上传到服务器的/ios 目录下，如图 5.16 所示。

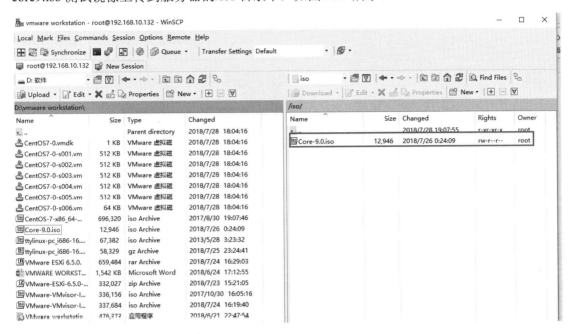

图 5.16　WinSCP 上传测试镜像

（3）使用 virt-manager 创建虚拟机。

使用 virt-manager 图形化工具的默认向导配置来创建虚拟机。在本步骤中，首先启动 libvirt，命令如下所示：

```
[root@KVM /]# systemctl start libvirtd        ------启动 libvirt
[root@KVM /]# systemctl enable libvirtd       ------设置开机自启动
```

然后，在 libvirt 开启后，需要通过 X-ming 来启动 virt-manager，以便看到 virt-manager 的图形化界面，如果发现没有 virt-manager 命令直接安装一个即可，命令如下所示：

```
[root@KVM /]# yum install -y virt-manager
```

启动 virt-manager 的命令如下所示（执行结果如图 5.17 所示）：

```
[
root@KVM /]# virt-manager              ------启动 virt-manager
```

单击创建虚拟机按钮来新建虚拟机，也可以通过单击文件选项选择新建虚拟机。在弹出的新建虚拟机对话框中，先单击选择"Local install media"安装方法，即本地介质安装，然后单击"Forward"按钮。如图 5.18 所示。

选择要安装的操作系统的镜像，然后单击"Forward"按钮，如图 5.19 所示。

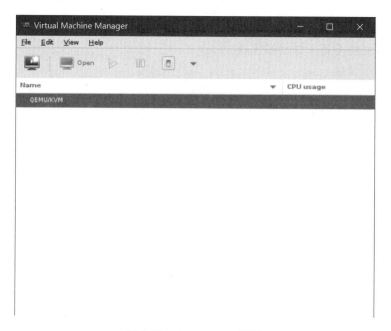

图 5.17　virt-manager 界面

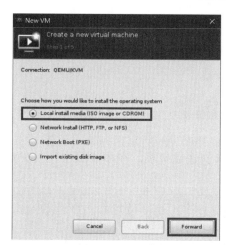

图 5.18　选择安装方法

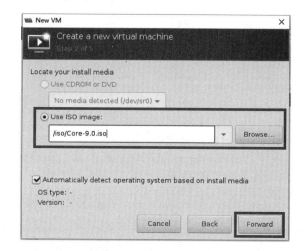

图 5.19　选择安装介质

　　接下来要设置虚拟机的内存以及 CPU，此处设置了 1GB 的内存和一个虚拟 CPU，可以根据宿主机的情况而定，设置结果如图 5.20 所示，然后单击"Forward"按钮。

　　之后设置虚拟机的磁盘容量大小，默认为 20GB，可根据自身环境自行调整。最后给虚拟机命名为 demo，网络选择默认为 NAT 模式。因为在安装前要对一些参数进行调整，所以勾选"Customize configuration before install"，即在安装操作系统前进行自定义设置，然后单击"Finish"按钮结束创建，如图 5.21 所示。

　　创建完成后在 Display Spice（显示）设置里面选择类型为"VNC server"，然后单击"Apply"按钮，如图 5.22 所示。

　　需要添加键盘、鼠标，选择添加新的设备。单击"Add Hardware"按钮，在"input"输入设置里选择类型为"EvTouch USB Graphics Tablet"，然后单击"Finish"按钮，如图 5.23所示。

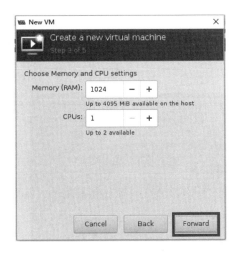

图 5.20　CPU 和内存设置　　　　　　图 5.21　自定义设置

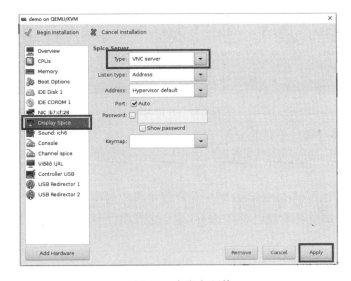

图 5.22　自定义硬件

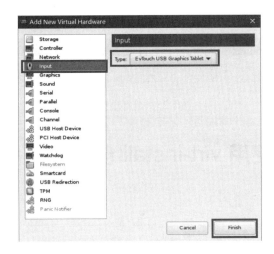

图 5.23　添加硬件

然后可以看到系统正在使用测试镜像来引导安装，如图5.24所示。

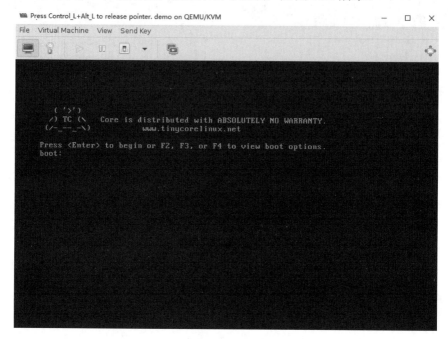

图5.24　开机界面

操作系统的安装过程与平时的安装一样。

至此，使用virt-manager创建虚拟机的操作已经全部完成，已经成功创建了Linux虚拟机。

（4）实验验证。

在本步骤中，可以在virt-manager图形化界面中查看虚拟机的详情信息，以此来验证本次实验是否正确完成，即是否看到已经有demo这个虚拟机并且其状态是正在运行中。执行结果如图5.25所示。

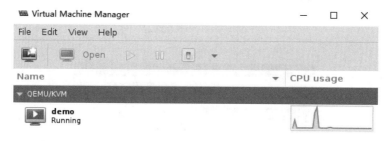

图5.25　查看虚拟机

5.4　实验　使用virt-install创建虚拟机

1. 实验目的

（1）能够通过相关命令创建虚拟磁盘；
（2）能够通过相关命令创建虚拟机；

（3）能够通过相关命令检验虚拟机的创建是否成功。

2．实验内容

（1）使用 qemu-img 镜像文件管理工具创建虚拟磁盘；
（2）使用 virt-install 创建虚拟机；
（3）使用"virsh"命令检查虚拟机创建的结果。

3．实验原理

virt-install 命令行工具为虚拟客户机的安装提供了便携易用的方式，它也是通过 libvirt API 来创建 KVM 上面的客户机的。同时，它也为 virt-manager 的图形化界面创建客户机提供了安装系统的 API。virt-install 中用到的安装介质可以存放在本地系统上，也可以放在远程的 NFS、HTTP、FTP 服务器上。

4．实验环境

（1）Windows 操作系统环境，安装了 PuTTY、WinSCP 以及 Xming 软件；
（2）CentOS 7 操作系统，安装了 QEMU-KVM、gnome-desktop、virtualization-client；
（3）Core-9.0.iso 的镜像包。

5．实验步骤

（1）实验环境准备。
准备工作包括：查看当前实验环境是否安装了 virt-install、virt-viewer，检查/vm 目录是否挂载，使用 qemu-img 镜像文件管理工具创建虚拟磁盘。
首先检查是否安装了 virt-install，命令如下所示：

```
[root@localhost ~]# rpm -qa | egrep "virt-install|virt-viewer"
```

如果显示为空则代表没有安装，那么接下来安装 virt-install 和 virt-viewer，命令如下所示：

```
[root@localhost ~]# yum install - y virt-install virt-viewer
```

使用"which"命令检查是否安装成功：

```
[root@localhost ~]# which  virt-install
/usr/bin/virt-install
[root@localhost ~]# which virt-viewer
/usr/bin/virt-viewer
```

可以回显出安装路径，则代表安装成功。
以下首先使用"fdisk"命令列出分区表状况，命令如下所示：

```
[root@ localhost ~ ]# lsblk                    #查看磁盘分区情况
```

使用"df -h"命令来判断指定的目录是否为加载点，命令和执行结果如下所示：

```
[root@ localhost ~ ]# df -h               #查看/vm 目录是否为挂载点
Filesystem            Size  Used Avail Use% Mounted on
/dev/mapper/cl-root   17G 7.6G 9.5G  45% /
devtmpfs             1.9G    0 1.9G   0% /dev
```

```
tmpfs                     1.9G      0  1.9G   0% /dev/shm
tmpfs                     1.9G  9.1M  1.9G   1% /run
tmpfs                     1.9G      0  1.9G   0% /sys/fs/cgroup
/dev/mapper/vmvg-lvvm      20G  521M   19G   3% /vm
/dev/sda1                1014M  186M  829M  19% /boot
tmpfs                     378M      0  378M   0% /run/user/0
```

可以看到结果，vm 目录已经被挂载，否则使用以下命令进行挂载：

```
[root@localhost ~ ]# mount /vm                    #挂载 vm 目录
```

接下来使用"qemu-img"命令创建虚拟磁盘的镜像文件，在/vm/目录下创建一个名字为 coreos.、容量为 1GB、格式为 QCOW2 的镜像文件。命令以及执行结果如下所示：

```
[root@localhost ~ ]# qemu-img create -f qcow2 /vm/Coreos.qcow2 1G
Formatting '/vm/Coreos.qcow2', fmt=qcow2 size=1073741824 encryption=off
cluster_size=65536 lazy_refcounts=off
```

再使用"ls"命令查看是否创建成功，命令以及执行结果如下所示：

```
[root@localhost ~ ]# ls /vm
Coreos.qcow2    lost+found
```

最后使用"qemu-img info"命令查看 Cores.qcow2 镜像文件的详情信息，命令以及执行结果如下所示：

```
[root@localhost ~ ]# qemu-img info /vm/Coreos.qcow2
image: /vm/Coreos.qcow2
file format: qcow2
virtual size: 1.0G (1073741824 bytes)
disk size: 196K
cluster_size: 65536
Format specific information:
    compat: 1.1
lazy refcounts: false
```

至此，本次实验的环境准备工作已经完成。

（2）使用 virt-install 创建虚拟机。

在本步骤中，主要使用"virt-install"命令，通过本地 ISO 文件来完成虚拟机的创建。

首先介绍一下"virt-install"命令基本功能的使用。可以在远程终端下输入"virt-install --help"来查看命令的使用帮助。命令参数参考如下。

通用选项：

```
-n NAME, --name NAME        #虚拟机名称
--memory MEMORY             #配置虚拟机内存
--vcpus VCPUS               #配置客户机虚拟 CPU（vCPU）数量
--cpu CPU                   #CPU 模型和特性
```

安装方法选项：

```
--cdrom CDROM               #光驱安装介质
--location LOCATION         #安装源
--os-variant                #在客户机上安装的操作系统
--pxe                       #使用 PXE 协议从网络引导
--import                    #在已有的磁盘镜像中构建客户机
--boot BOOT                 #配置客户机引导设置
```

设备选项：

```
--disk DISK              #指定存储的各种选项
--network                #配置客户机网络接口
--graphics GRAPHICS      #配置客户机显示设置
-d, --debug              #打印 debug 信息
```

更多参数请参考 Linux man 手册，以便了解示例和完整的选项语法。

接下来使用以下命令来创建虚拟机：

```
[root@localhost ~ ]#ls /iso  #查看是否有 Core-9.0.iso
Core-9.0.iso   #如果没有，请从 Windows 中通过 WinSCP 拷贝进来
[root@localhost ~ ]#virt-install \
--name=demo \
   --disk path=/vm/Coreos.qcow2 \
   --vcpus=1 --ram=512 \
   --cdrom=/iso/Core-9.0.iso \
   --network network=default \
   --graphics vnc,listen=0.0.0.0 \
   --os-type=linux
```

以上命令是通过/vm/Core-9.0.iso 镜像文件创建一个名为 demo 的 Linux 虚拟机，该虚拟机的磁盘文件被指定为/vm/coreos.qcow2；设置一个虚拟 CPU；内存大小为 512MB；指定一块网卡，网络类型默认为 NAT 模式；显示类型为 VNC。命令执行后，会通过 virt-viewer 弹出一个操作系统安装的图形化界面，如图 5.26 所示。如果没有弹出，或者没有安装 virt-viewer，则可以通过启动 virt-manager 进行安装。

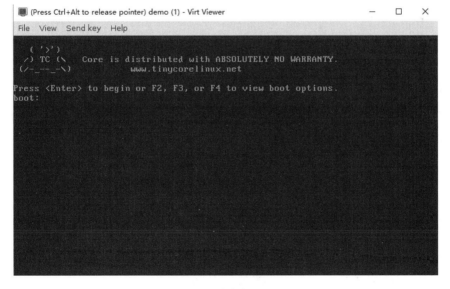

图 5.26　系统启动界面

由于使用的 core-9 镜像是不需要安装的，可以直接进入系统。按回车键进入系统，使用"ifconfig"命令查看 IP 地址，如图 5.27 所示。

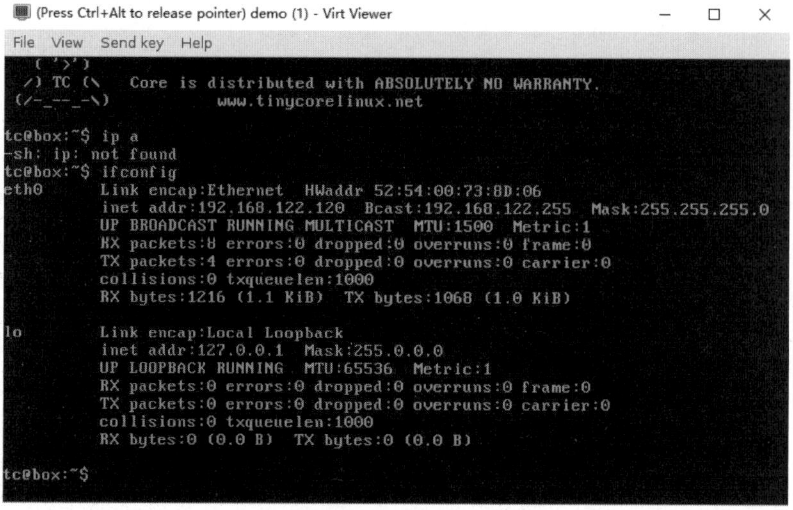

图 5.27 查看 IP 地址

创建时加"- debug"选项，就可以清楚地知道程序都做了些什么，命令如下所示：

```
[root@localhost ~]# virt-install --name=demo --disk path=/vm/Coreos.qcow2
--vcpus=1 --ram=512 --cdrom=/iso/Core-9.0.iso --network network=default
--graphics vnc,listen=0.0.0.0 --os-type=linux  --debug
```

debug 选项将会显示虚拟机的配置文件，以及其他的程序信息。在创建失败的情况下，这是非常好用的一个 debug 手段，如下所示：

```
[Tue, 07 Aug 2018 10:05:21 virt-install 2947] DEBUG (guest:384) Generated
install XML:
<domain type="KVM">
  <name>demo</name>
  <uuid>614bb3b6-06ed-425d-8001-fb41c88100f2</uuid>
  <memory>524288</memory>
  <currentMemory>524288</currentMemory>
  <vcpu>1</vcpu>
  <os>
    <type arch="x86_64">hvm</type>
    <boot dev="cdrom"/>
    <boot dev="hd"/>
  </os>
  <features>
    <acpi/>
    <apic/>
  </features>
  <cpu mode="custom" match="exact">
    <model>SandyBridge</model>
  </cpu>
  <clock offset="utc">
    <timer name="rtc" tickpolicy="catchup"/>
    <timer name="pit" tickpolicy="delay"/>
    <timer name="hpet" present="no"/>
  </clock>

  <on_reboot>destroy</on_reboot>
  <pm>
    <suspend-to-mem enabled="no"/>
    <suspend-to-disk enabled="no"/>
  </pm>
```

```
<devices>
  <emulator>/usr/libexec/QEMU-KVM</emulator>
  <disk type="file" device="disk">
    <driver name="qemu" type="qcow2"/>
    <source file="/vm/Coreos.qcow2"/>
  ·················#后面省略
```

至此，已经完成了使用 virt-install 创建虚拟机的任务。

（3）验证创建的虚拟机。

在虚拟机创建完成后，可以通过 virsh 管理工具进行验证，在远程终端输入"virsh list --all"命令，命令以及执行结果如下所示：

```
[root@localhost ~]# virsh list --all
 Id    Name                       State
----------------------------------------------------
 4     demo                       running
 -     cirros                     shut off
```

该命令列出了所有虚拟机，可以看到目前已经有一台名为 demo 的虚拟机正在运行中。

5.5　实验　使用 virt-manager 管理虚拟机

1．实验目的

（1）能够在 virt-manager 中添加设备所需的硬件；

（2）熟悉 virt-manager 中的虚拟机常见操作，并查看虚拟机的使用情况。

2．实验内容

（1）用 virt-manager 添加硬件，修改启动顺序；

（2）通过相关的操作将 virt-manager 中的虚拟机开启、关闭、暂停、强制关闭、克隆等；

（3）查看宿主机的 CPU、内存等使用情况。

3．实验原理

virt-manager 是一个轻量级应用程序套件，形式为一个管理虚拟机的图形用户界面（GUI）。作为一个应用程序套件，virt-manager 包括了一组常见的虚拟化管理工具，包括虚拟机构造、克隆、映像制作和查看。

4．实验环境

（1）Windows 操作系统环境，安装了 PuTTY、WinSCP 以及 Xming 软件；

（2）CentOS 7 操作系统，安装了 QEMU-KVM、gnome-desktop、virtualization-client 以及 virt-manager；

（3）cirros-0.4.0-x86_64-disk 镜像。

5. 实验步骤

（1）检查实验环境。

用 PuTTY 软件连接到自己的实验 Linux 服务器上，然后在 Windows 中配置好 Xming。用"ls"命令查看/vm 目录下是否有两个虚拟机镜像 cirros.qcow2 和 Coreos.qcow2。命令以及执行结果如下所示（如果没有上述镜像则通过 Windows 上传）：

```
[root@localhost ~]# cd /vm/
[root@localhost vm]# ls
cirros1.qcow2  cirros.qcow2  Coreos.qcow2  guest_images  lost+found
```

（2）用 virt-manager 添加硬件，修改启动顺序。

首先打开 virt-manager 图形化界面，命令如下所示，执行结果如图 5.28 所示。然后使用 virt-manager 创建测试 cirros 虚拟机，步骤略（参见前面章节）。

```
[root@KVM~]#virt-manager
```

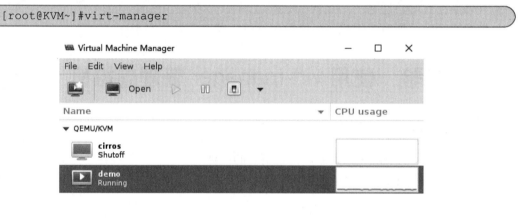

图 5.28　virt-manager 界面

选中一个虚拟机并双击该虚拟机，会弹出如图 5.29 所示的界面。单击显示细节按钮 ，会显示虚拟机的硬件细节。

图 5.29　虚拟机配置

在"Overview"界面可以修改虚拟机的名称，可以为此虚拟机添加标题以及备注，还可以查看虚拟机的状态，如图 5.30 所示。

修改启动顺序的过程如下：单击"Boot Options"选项，编辑启动菜单，勾选"Enable boot menu"选项，在启动虚拟机时就会按照下方框内的顺序依次启动。如果在第一个启动项里面没有找到可引导分区，则会继续使用第二个启动项。此处修改为网络启动，然后进行测试，如图 5.31 所示。

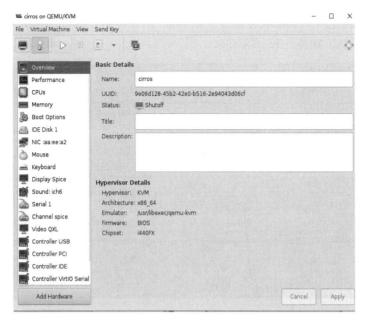

图 5.30　硬件详情

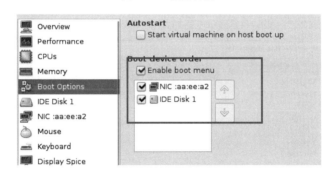

图 5.31　启动项设置

可以看到，第一启动项设为网络启动时，虚拟机会使用 PXE 启动虚拟机，如图 5.32 所示。

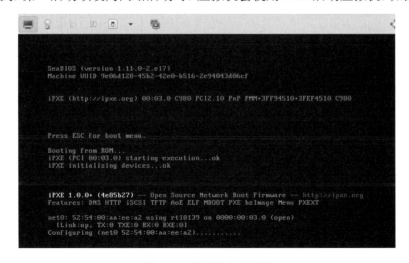

图 5.32　虚拟机启动界面

这是由于网络中没有 PXE 服务器，所以导致 PXE 超时，因此会选择从第二个启动项启动，也就是硬盘启动，如图 5.33 所示。

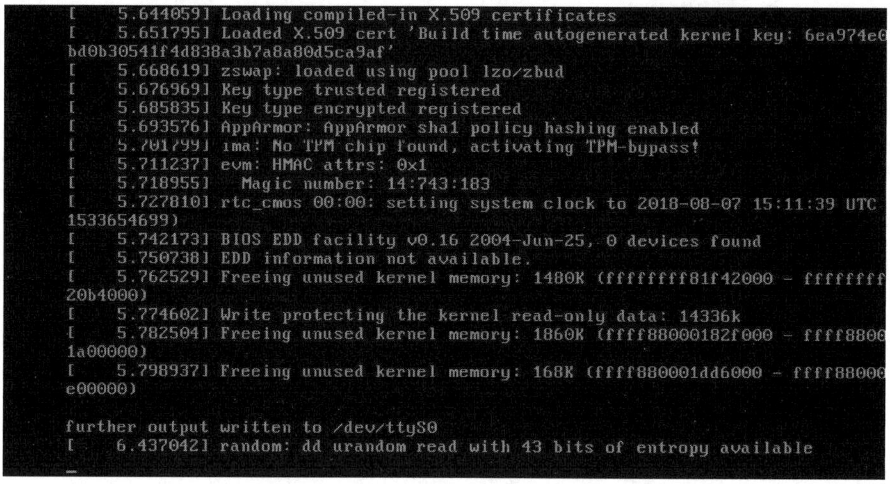

[5.644059] Loading compiled-in X.509 certificates
[5.651795] Loaded X.509 cert 'Build time autogenerated kernel key: 6ea974e0bd0b30541f4d838a3b7a8a80d5ca9af'
[5.668619] zswap: loaded using pool lzo/zbud
[5.676969] Key type trusted registered
[5.685835] Key type encrypted registered
[5.693576] AppArmor: AppArmor sha1 policy hashing enabled
[5.701799] ima: No TPM chip found, activating TPM-bypass!
[5.711237] evm: HMAC attrs: 0x1
[5.718955] Magic number: 14:743:183
[5.727810] rtc_cmos 00:00: setting system clock to 2018-08-07 15:11:39 UTC 1533654699)
[5.742173] BIOS EDD facility v0.16 2004-Jun-25, 0 devices found
[5.750738] EDD information not available.
[5.762529] Freeing unused kernel memory: 1480K (ffffffff81f42000 - ffffffff20b4000)
[5.774602] Write protecting the kernel read-only data: 14336k
[5.782504] Freeing unused kernel memory: 1860K (ffff88000182f000 - ffff88001a00000)
[5.798937] Freeing unused kernel memory: 168K (ffff880001dd6000 - ffff88000e00000)
further output written to /dev/ttyS0
[6.437042] random: dd urandom read with 43 bits of entropy available

图 5.33　硬盘启动

接下来，单击“Add Hardware”选项添加新硬件，如图 5.34 所示。在这里，可以选择要添加的硬件类型，配置硬件的相关参数，然后单击“Finsh”按钮即可，如图 5.34 所示。

Add New Virtual Hardware
Storage
Controller
Network
Input
Graphics
Sound
Serial
Parallel
Console
Channel
USB Host Device
PCI Host Device
Video
Watchdog
Filesystem
Smartcard
USB Redirection
TPM
RNG
Panic Notifier
Storage
Create a disk image for the virtual machine
20.0
GiB
9.4 GiB available in the default location
Select or create custom storage
Manage...
Device type:
Disk device
Bus type:
IDE
Advanced options
Cancel
Finish

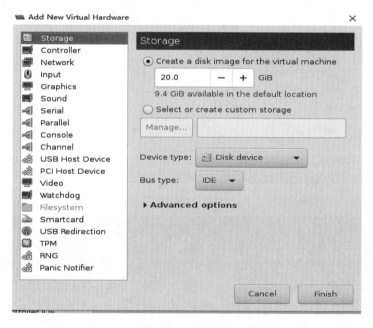

图 5.34　添加硬件

然后修改 CPU 和内存分配情况。通过 virt-manager 来修改 KVM 虚拟机的 CPU 个数和内存大小。首先，单击“CPUs”选项，可以修改 CPU 的当前分配量以及最大分配量，如图 5.35 所示。接着单击“Memory”选项，可以在此界面修改当前内存大小以及最大的内存分配量，如图 5.36 所示。

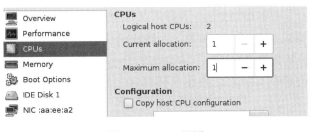

图 5.35　CPU 设置

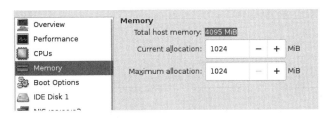

图 5.36　内存设置

（3）开启、关闭、暂停、强制关闭虚拟机。

若需要开启虚拟机，单击 ▷ 按钮即可，如图 5.37 所示。虚拟机开启后，单击 ⬚ 按钮即可暂停该虚拟机，如图 5.38 所示；虚拟机暂停后，再次单击 ⬚ 按钮即可恢复，如图 5.39 所示。

图 5.37　开启虚拟机

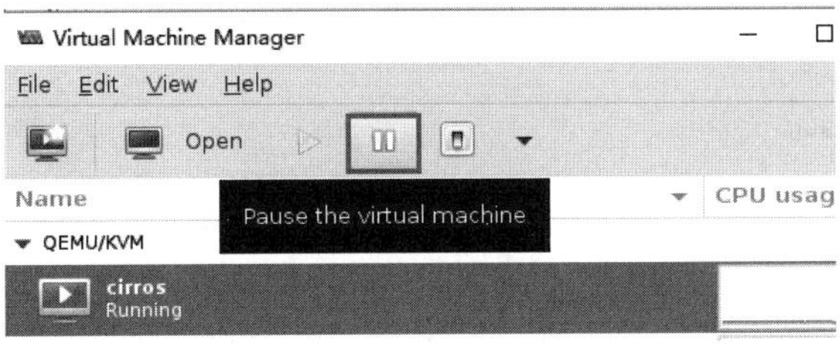

图 5.38　暂停虚拟机

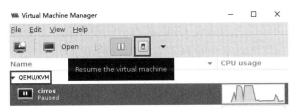

图 5.39　恢复虚拟机

然后，单击 ⬚ 按钮即可关闭该虚拟机。单击最右面的小三角号，在弹出的子菜单中可以重启、关机、强制关机、重置虚拟机等。

（4）用 virt-manager 克隆虚拟机。

在本步骤中，用鼠标右键单击虚拟机，在弹出的快捷菜单中单击"Clone"命令，即可克隆该虚拟机。克隆虚拟机需要在虚拟机关机的情况下操作。克隆虚拟机对话框如图 5.40 所示。克隆完成后，可看到克隆的虚拟机，如图 5.41 所示。

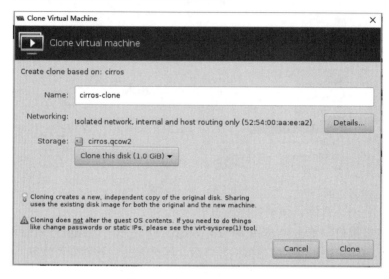

图 5.40　克隆虚拟机对话框

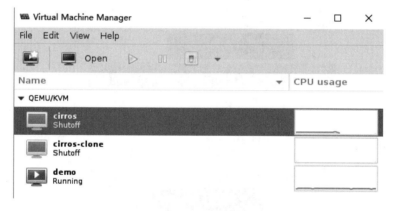

图 5.41　查看克隆的虚拟机

（5）宿主机 CPU、内存使用量、网络、网卡、存储的管理。

在本步骤中，通过单击 Edit→Connection Details 命令，打开虚拟机连接详情对话框，可以查看或者管理虚拟的 CPU、内存、网络、本地存储。

在"Overview"选项卡中可以查看 CPU 和内存的使用量，如图 5.42 所示。

在"Virtual Networks"选项卡中可以查看虚拟机的 IP 地址，还可以修改网卡是否随机器启动而启动，如图 5.43 所示。

在"Storage"选项卡中可以查看 KVM 的存储池。单击 ✚ 按钮可以创建一个存储池；单击 ⏺ 按钮可以停止一个存储池；当一个存储池停止后，可以单击 ⊗ 按钮删除该存储池。如图 5.44 所示。

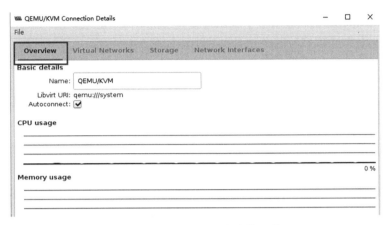

图 5.42　查看 CPU 和内存使用量

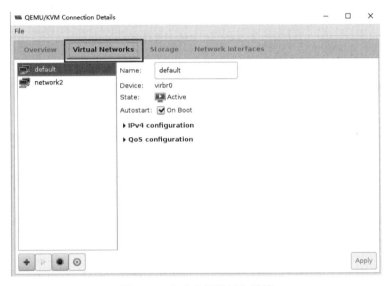

图 5.43　查看虚拟机网络详情

图 5.44　存储池管理

在"Network Interfaces"选项卡中可以查看网卡的 MAC 地址以及网卡的运行状态，还可以单击"Start mode"选项修改网卡是否自启动，如图 5.45 所示。

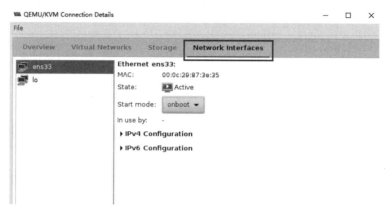

图 5.45　虚拟机网卡设置

libvirt 是用于管理虚拟化平台的开源 API、后台程序和管理工具。它可以用于管理 KVM、Xen、VMware ESX、QEMU 和其他虚拟化技术。这些 API 在云计算的解决方案中广泛使用。

6.1 libvirt 简介

libvirt 是一组软件的集合，提供了一个简单的途径去管理虚拟机和其他虚拟化功能。libvirt 的标志如图 6.1 所示。

图 6.1 libvirt 的标志

这些软件包括：一个长期稳定的 C 语言 API、一个守护进程（libvirtd）和一个命令行工具（virsh）。libvirt 的主要目标是提供一个单一途径以管理多种不同虚拟化方案以及虚拟化主机，包括 KVM/QEMU、Xen、LXC、VMware ESX、VMware Workstation/Player、Microsoft Hyper-V、IBM PowerVM、Virtuozzo、bhyve（BSD Hypervisor）、OpenVZ 和 VirtualBox 等 Hypervisor。

6.1.1 libvirt 的主要功能

VM management（虚拟机管理）：各种虚拟机生命周期的操作，如启动、停止、暂停、保存、恢复和迁移等；多种不同类型设备的热插拔操作，包括磁盘、网络接口、内存、CPU 等，如图 6.2 所示。

Remote machine support（支持远程连接）：libvirt 的所有功能都可以在运行着 libvirt 守护进程的机器上使用，包括远程连接。通过最简便且无须额外配置的 SSH 协议，远程连接可支持多种网络连接方式，如图 6.3 所示。

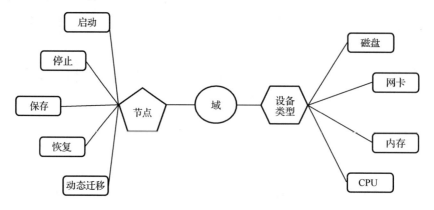

图 6.2　虚拟机管理

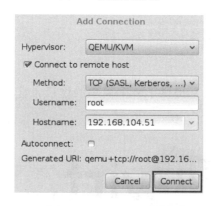

图 6.3　libvirt 远程连接

Storage management（存储管理）：任何运行 libvirt 守护进程的主机都可以用于管理多种类型的存储，包括创建多种类型的文件镜像（QCOW2、VMDK、RAW 等），挂载 NFS 共享，枚举现有 LVM 卷组，创建新的 LVM 卷组和逻辑卷，对裸磁盘设备分区，挂载 iSCSI 共享，等等。

Network interface management（网络接口管理）：任何运行 libvirt 守护进程的主机都可以用于管理物理的和逻辑的网络接口，枚举现有接口，配置（和创建）接口、桥接、VLAN、端口绑定。

Virtual NAT and Route based networking（虚拟 NAT 和基于路由的网络）：任何运行 libvirt 守护进程的主机都可以管理和创建虚拟网络。libvirt 虚拟网络使用防火墙规则实现一个路由器，为虚拟机提供到主机网络的透明访问。

6.1.2　libvirt 的安装

libvirt 的安装分为服务器部分和客户端部分，服务器和客户端可以是相同的物理机器。

1. 服务器端

安装 libvirt 至少需要一个虚拟运行环境（Hypervisor），并且 libvirt 的首选 Hypervisor 是 KVM/QEMU。如果 KVM 功能已启用，则支持全虚拟化和硬件加速的客户机。其他受支持的虚拟运行环境包括 LXC、VirtualBox 和 Xen 等，其中，libvirt 的 LXC 驱动并不依赖 LXC 提供的用户空间工具。因此，即便需要使用这个驱动也并不是必须安装该工具。

对于网络连接，需要安装以下的包：

（1）ebtables 和 dnsmasq：用于默认的 NAT/DHCP 网络。

（2）bridge-utils：用于桥接网络。

（3）openbsd-netcat：通过 SSH 远程管理。

2. 客户端

客户端是用于管理和访问虚拟机的用户界面。需要安装的软件以及下载链接如下：

（1）virsh：用于管理和配置域（虚拟机）的命令行程序。

下载链接：https://libvirt.org/

（2）GNOME Boxes：简单的 GNOME 3 程序，可以访问远程虚拟系统。

下载链接（如图 6.4 所示）：https://wiki.gnome.org/Apps/Boxes

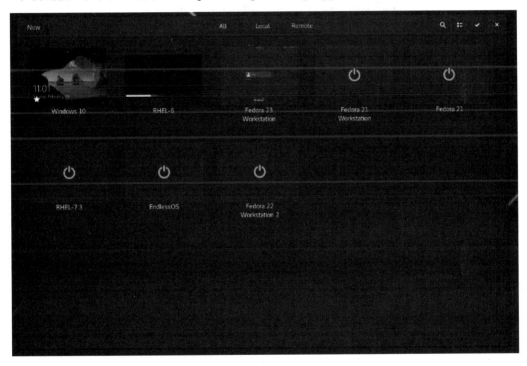

图 6.4　GNOME Boxes 的界面

（3）libvirt Sandbox：应用程序沙箱工具包。

下载链接：https://sandbox.libvirt.org/

（4）Remote Viewer：简单的远程访问工具。

下载链接：https://virt-manager.org/

（5）Qt VirtManager：管理虚拟机的 Qt 程序，如图 6.5 所示。

下载链接：https://github.com/F1ash/qt-virt-manager

图 6.5　Qt VirtManager 界面

（6）Virtual Machine Manager：使用 libvirt 对 KVM、Xen、LXC 进行管理的图形化工具，如图 6.6 所示。

下载链接：https://virt-manager.org/

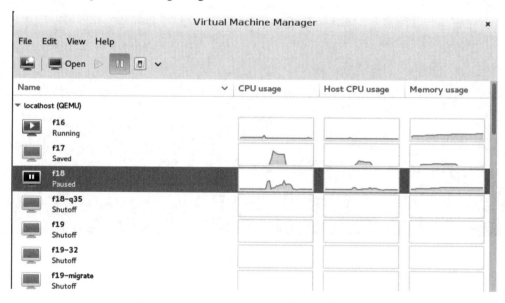

图 6.6　Virtual Machine Manager 界面

6.2　libvirt 基本架构介绍

libvirt 主要包括一个长期稳定的 C 语言 API、一个守护进程（libvirtd）和一个命令行工具（virsh）这三个组件。

6.2.1　libvirt 架构详情

1. libvirt 的存在形式

libvirt 以一组 API 的形式存在，旨在供管理应用程序使用（如图 6.7 所示）。libvirt 通过一种特定于虚拟机监控程序的机制与每个有效虚拟机监控程序进行通信，以完成 API 请求。

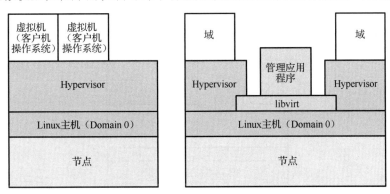

图 6.7　libvirt 架构

其中，Hypervisor 是一个处于物理硬件和操作系统之间的中间层，来管理和控制各个虚拟机或操作系统对物理资源的访问。

2. libvirt 的控制方式

使用 libvirt，有两种不同的控制方式。第一种如图 6.7 所示，其中管理应用程序和域位于同一节点上。在本例中，管理应用程序通过 libvirt 工作，以控制本地域。当管理应用程序和域位于不同节点上时，便产生了另一种控制方式。在本例中需要进行远程通信（参见图 6.8）。该模式使用一种运行于远程节点上、名为 libvirtd 的特殊守护进程。当在新节点上安装 libvirt 时该程序会自动启动，且可自动确定本地虚拟机监控程序并为其安装驱动程序。该管理应用程序通过一种通用协议从本地 libvirt 连接到远程 libvirtd。对于 QEMU，协议在 QEMU 监视器处结束。QEMU 包含一个监测控制台，它允许检查运行中的来宾操作系统并控制虚拟机（VM）各部分。

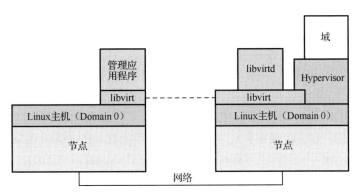

图 6.8　libvirt 远程通信

3. 虚拟机监控程序（Hypervisor）支持

为了支持各种虚拟机监控程序的可扩展性，libvirt 实施一种基于驱动程序的架构，该架构允许一种通用的 API 以通用方式为大量潜在的虚拟机监控程序提供服务。这意味着，一些虚拟机监控程序的某些专业功能在 API 中不可见。另外，有些虚拟机监控程序可能不能实施所有 API 功能，因而在特定驱动程序内被定义为不受支持。如图 6.9 所示展示了 libvirt API 与相关驱动程序的层次结构。

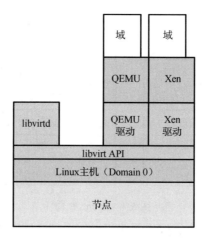

图 6.9　libvirt API 与相关驱动程序的层次结构

6.2.2　libvirt API 介绍

高级 libvirt API 可划分为 8 个 API 部分：虚拟机监控程序连接 API、域 API、节点 API、网络 API、存储卷 API、存储池 API、事件管理 API 和数据流 API。

1. libvirt API 使用说明

与虚拟机监控程序创建连接后会产生 libvirt 通信连接。其他的 API 使用都要基于该通信连接。在 C 语言 API 中，该通信连接是通过 virConnectOpen 函数（以及其他进行认证的调用）生成的。这些函数的返回值是一个 virConnectPtr 对象，它代表到虚拟机监控程序的一个连接。该对象作为所有其他管理功能的基础，是对给定虚拟机监控程序进行并发 API 调用所必需的语句。重要的并发调用是 virConnectGetCapabilities 和 virNodeGetInfo，前者返回虚拟机监控程序和驱动程序的功能；后者获取有关节点的信息，该信息以 XML 文档的形式返回。

连接到虚拟机监控程序后，便可以使用一组 API 调用函数重复使用该虚拟机监控程序上的各种资源。

API 实现大量针对域的函数。要管理域，首先需要一个 virDomainPtr 对象，可通过多种方式获得该句柄（使用 ID、UUID 或域名）。例如，可以使用函数 virDomainLookupByID 来获取域句柄。有了该域句柄，就可以执行很多操作，从查看域（virDomainGetUUID、virDomainGetInfo、virDomainGetXMLDesc、virDomainMemoryPeek）到控制域（virDomainCreate、virDomainSuspend、virDomainResume、virDomainDestroy 和 virDomainMigrate）。

还可使用 API 管理并检查虚拟网络和存储资源。建立了 API 模型之后，需要一个 virNetworkPtr 对象来管理并检查虚拟网络，并且需要一个 virStoragePoolPtr（存储池）或

virStorageVolPtr（卷）对象来管理这些资源。

API 还支持一种事件机制，可以使用该机制注册为在特定事件（比如域的启动、中止、恢复或停止）发生时获得通知。

2．libvirt 常用 API 及其说明

（1）连接 Hypervisor 相关的 API：以 virConnect 开头的一系列函数。

只有与 Hypervisor 建立了连接之后，才能进行虚拟机管理操作，所以连接 Hypervisor 的 API 是其他所有 API 使用的前提条件。与 Hypervisor 建立的连接为其他 API 的执行提供了路径，是其他虚拟化管理功能的基础。

- virConnectOpen 函数可以建立一个连接，其返回值是一个 virConnectPtr 对象，该对象就代表到 Hypervisor 的一个连接；如果连接出错，则返回空值（NULL）。
- virConnectOpenReadOnly 函数建立一个只读的连接，在该连接上可以使用一些查询的功能，而不使用创建、修改等功能。
- virConnectOpenAuth 函数提供了根据认证建立的连接。
- virConnectGetCapabilities 函数返回对 Hypervisor 和驱动功能描述的 XML 格式的字符串。
- virConnectListDomains 函数返回一列域标识符，它们代表该 Hypervisor 上的活动域。

还有其他函数，如 virConnectGetHostname、virConnectGetMaxVcpus、virConnectGetType、virConnectGetVersion、virConnectGetLibVersion、virConnectGetURI、virConnectIsEncrypted 和 virConnectIsSecure。

virConnectClose 具体的使用方式可以查看官方的 API 文档，或者根据函数命令可以猜测函数的作用。在程序的变量命名中，一般函数的命名就代表它的作用。

（2）域管理的 API：以 virDomain 开头的一系列函数。

虚拟机的管理，最基本的职能就是对各个节点上的域的管理，因此，libvirt API 中实现了很多针对域管理的函数。

要管理域，首先就要获取 virDomainPtr 这个域对象，然后才能对域进行操作。有很多种方式来获取域对象，如 virDomainLookupByID(virConnectPtrconn, intid)函数是根据域的 ID 值到 virConnectPtrconn 这个连接上去查找相应的域的。virDomainLookupByName、virDomainLookupByUUID 等函数分别是根据域的名称和 UUID 去查找相应的域的。在得到了某个域的对象后，就可以进行更多的操作。

查询域信息的相关函数包括 virDomainGetHostname、virDomainGetInfo、virDomainGetVcpus、virDomainGetVcpusFlags、virDomainGetCPUStats。

控制域生命周期的函数包括 virDomainCreate、virDomainSuspend、virDomainResume、virDomainDestroy、virDomainMigrate。

创建虚拟机的相关函数包括 virDomainDefineXML()、virFileReadAll()、virDomainCreateXML()。

（3）节点管理的 API：以 virNode 开头的一系列函数。

域是运行在物理节点之上的，libvirt 也提供了对节点的信息查询和控制功能。节点管理的多数函数都需要使用一个连接 Hypervisor 的对象作为其中的一个传入参数，以便可以查询或修改到该连接上的节点的信息。

- virNodeGetInfo 函数获取节点的物理硬件信息。

- virNodeGetCPUStats 函数可以获取节点上各个 CPU 的使用统计信息。
- virNodeGetMemoryStats 函数可以获取节点上的内存的使用统计信息。
- virNodeGetFreeMemory 函数可以获取节点上可用的空闲内存大小。

也有一些设置或者控制节点的函数，例如：

- virNodeSetMemoryParameters 函数可以设置节点上的内存调度的参数。
- virNodeSuspendForDuration 函数可以让节点（宿主机）暂停运行一段时间。

（4）网络管理的 API：以 virNetwork 开头的一系列函数和部分以 virInterface 开头的函数。

libvirt 对虚拟化环境中的网络管理也提供了丰富的 API。libvirt 首先需要创建 virNetworkPtr 对象，然后才能查询或控制虚拟网络。

一些查询网络相关信息的函数包括：

- virNetworkGetName(virNetworkPtrnetwork)函数可以获取网络的名称。
- virNetworkGetBridgeName 函数可以获取该网络中网桥的名称。
- virNetworkGetUUID 函数可以获取网络的 UUID 标识。
- virNetworkGetXMLDesc 函数可以获取网络的 XML 格式的描述信息。
- virNetworkIsActive 函数可以查询网络是否正在使用中。

一些控制或更改网络设置的函数，包括：

- virNetworkCreate 获得 network 属性。
- virNetworkCreateXML 函数可以根据提供的 XML 格式的字符串创建一个网络（返回 virNetworkPtr 对象）。
- virNetworkDestroy 函数可以销毁一个网络（同时也会关闭使用该网络的域）。
- virNetworkFree 函数可以回收一个网络（但不会关闭正在运行的域）。
- virNetworkUpdate 函数可根据提供的 XML 格式的网络配置来更新一个已存在的网络。

另外，virInterfaceCreate、virInterfaceFree、virInterfaceDestroy、virInterfaceGetName、virInterfaceIsActive 等函数可以用于创建、释放和销毁网络接口，以及查询网络接口的名称和激活状态。

（5）存储卷管理的 API：以 virStorageVol 开头的一系列函数。

libvirt 对存储卷（Volume）的管理主要是对域的镜像文件的管理，这些镜像文件可能是 RAW、QCOW2、VMDK、QED 等各种格式。libvirt 对存储卷的管理，首先需要创建 virStorageVolPtr 这个存储卷的对象，然后才能对其进行查询或控制操作。libvirt 提供了 3 个函数，分别通过不同的方式来获取存储卷对象，包括：

- virStorageVolLookupByKey 函数可以根据全局唯一的键值来获得一个存储卷对象。
- virStorageVolLookupByName 函数可以根据名称在存储资源池（StoragePool）中获取一个存储卷对象。
- virStorageVolLookupByPath 函数可以根据它在节点上的路径来获取一个存储卷对象。

有一些函数用于查询存储卷的信息，包括：

- virStorageVolGetInfo 函数可以查询某个存储卷的使用情况。
- virStorageVolGetName 函数可以获取存储卷的名称。
- virStorageVolGetPath 函数可以获取存储卷的路径。
- virStorageVolGetConnect 函数可以查询存储卷的连接。

一些函数用于创建和修改存储卷，包括：

- virStorageVolCreateXML 函数可以根据提供的 XML 描述来创建一个存储卷。
- virStorageVolFree 函数可以释放存储卷的句柄（但是存储卷依然存在）。
- virStorageVolDelete 函数可以删除一个存储卷。
- virStorageVolResize 函数可以调整存储卷的大小。

（6）存储池管理的 API：以 virStoragePool 开头的一系列函数。

libvirt 对存储池（Pool）的管理，包括对本地的基本文件系统、普通网络共享文件系统、iSCSI 共享文件系统、LVM 分区等的管理。libvirt 需要基于 virStoragePoolPtr 这个存储池对象才能进行查询和控制操作。一些函数可以通过查询获取一个存储池对象，包括：

- virStoragePoolLookupByName 函数可以根据存储池的名称来获取一个存储池对象。
- virStoragePoolLookupByVolume 可以根据一个存储卷返回其对应的存储池对象。
- virStoragePoolCreateXML 函数可以根据 XML 描述来创建一个存储池（默认已激活）。
- virStoragePoolDefineXML 函数可以根据 XML 描述信息静态地定义一个存储池（尚未激活）。
- virStoragePoolCreate 函数可以激活一个存储池。

virStoragePoolGetInfo、virStoragePoolGetName、virStoragePoolGetUUID 等函数可以分别获取存储池的信息、名称和 UUID 标识。

- virStoragePoolIsActive 函数可以查询存储池是否处于使用状态。
- virStoragePoolFree 函数可以释放存储池相关的内存（但是不改变其在宿主机中的状态）。
- virStoragePoolDestroy 函数可以用于销毁一个存储池（但并没有释放 virStoragePoolPtr 对象，之后还可以用 virStoragePoolCreate 函数重新激活它）。
- virStoragePoolDelete 函数可以物理删除一个存储池资源（该操作不可恢复）。

（7）事件管理的 API：以 virEvent 开头的一系列函数。

libvirt 支持事件机制，使用该机制注册之后，可以在发生特定的事件（如域的启动、暂停、恢复、停止等）时得到自己定义的一些通知。

（8）数据流管理的 API：以 virStream 开头的一系列函数。

libvirt 还提供了一系列函数用于数据流的传输。

6.2.3　libvirtd 介绍

libvirtd 是一个作为 libvirt 虚拟化管理系统中的服务器端的守护程序，如果要让某个节点能够用 libvirt 进行管理（无论是本地还是远程管理），就在这个节点上运行 libvirtd 守护进程，以便让其他上层管理工具可以连接到该节点，libvirtd 负责执行其他管理工具发送的虚拟化管理操作指令。而 libvirt 的客户端工具（包括 virsh、virt-manager 等）可以连接到本地或远程的 libvirtd 进程，以便管理节点上的客户机（启动、关闭、重启、迁移等），收集节点上的宿主机和客户机的配置及资源使用状态。

在 CentOS 7.0 中，libvirtd 是作为一个服务（service）配置在系统中的，所以可以通过"systemctl"命令来对其进行操作。常用的操作命令有："systemctl start libvirtd"命令表示启动 libvirtd；"systemctl restart libvirtd"命令表示重启 libvirtd；"systemctl reload libvirtd"命令表示

不重启服务但重新加载配置文件（/etc/libvirt/libvirtd.conf）。

访问 libvirt 驱动程序主要由 libvirtd 守护进程通过远程驱动程序调用 RPC 来处理。libvirtd 守护进程服务在系统引导时在主机上启动，并且也可以由权限适当的用户（例如 root）随时重新启动。

libvirt 客户端应用程序使用 URI 来获取 virConnectPtr。该 virConnectPtr 跟踪驱动器连接和各种其他连接（网络、接口、存储等）。而 virConnectPtr 则可以作为参数来管理其他虚拟化功能。根据所使用的驱动程序，调用将通过远程驱动程序路由到 libvirtd 守护进程。守护进程将引用特定连接的驱动程序以检索所请求的信息，然后通过连接将状态和/或数据传回给应用程序。之后，应用程序可以决定如何处理该数据，例如显示、写入日志数据等，如图 6.10 所示。

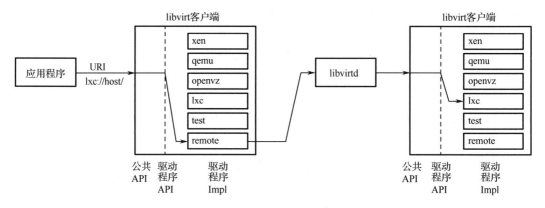

图 6.10　libvirtd 的驱动

图 6.10 中的关键点是有一个远程驱动程序，可以处理大多数驱动程序的事务，在主机上运行的 libvirtd 守护进程将从远程驱动程序接收事务请求，然后将按照指定查询管理程序驱动程序 virConnectPtr 以获取数据。数据将通过远程驱动程序返回客户端应用程序进行处理。

6.2.4　virsh 介绍

virsh 是一个用于管理客户机操作系统和虚拟机管理程序（Hypervisor）的命令行界面工具。

virsh 工具是基于 libvirt 管理 API 构建的，可作为 xm（Xen Server 的管理命令行）命令和图形客户管理器（virt-manager）的替代方案。virsh 可以由非特权用户以只读模式使用，还可以使用 virsh 为客户机执行脚本。

如表 6.1 所示提供了所有 virsh 命令行参数。

表 6.1　virsh 命令行参数

命　　令	描　　述
help	打印基本帮助信息
list	列出所有客户机操作系统（VM）
dumpxml	输出客户虚拟机的 XML 配置文件
create	从 XML 配置文件创建客户虚拟机并启动新客户虚拟机
start	启动非活动客户虚拟机

续表

命　　令	描　　述
destroy	强制停止客户机操作系统
define	输出客户虚拟机的 XML 配置文件
domid	显示客户虚拟机的 ID
domuuid	显示客户虚拟机的 UUID
dominfo	显示客户虚拟机信息
domname	显示客户虚拟机的名字
domstate	显示客户虚拟机的状态
quit	退出交互式终端
reboot	重新启动客户虚拟机
restore	恢复存储在文件中的先前保存的客户虚拟机
resume	恢复暂停的客户虚拟机
save	将客户虚拟机的当前状态保存到文件中
shutdown	正常关闭客户虚拟机（相当于在虚拟机中执行"poweroff"命令）
suspend	暂停一个客户虚拟机
undefine	删除与客户虚拟机关联的所有文件
migrate	将客户虚拟机迁移到其他主机

查看所有虚拟机示例如图 6.11 所示。

图 6.11　查看所有虚拟机

virsh 命令选项管理的虚拟机和 Hypervisor 资源如表 6.2 所示。

表 6.2　虚拟机和 Hypervisor 资源

命　　令	描　　述
setmem	设置客户虚拟机的已分配内存
setmaxmem	设置 Hypervisor 的最大内存限制
setvcpus	更改分配给客户虚拟机的虚拟 CPU 数量。请注意，Red Hat Enterprise Linux 5 不支持此功能
vcpuinfo	显示有关客户虚拟机的虚拟 CPU 信息
vcpupin	控制客户虚拟机的虚拟 CPU 关联
domblkstat	显示正在运行的客户虚拟机的块设备统计信息
domifstat	显示正在运行的客户虚拟机的网络接口统计
attach-device	使用 XML 文件中的设备定义将设备附加到客户虚拟机
attach-disk	将新磁盘设备附加到客户虚拟机

续表

命　　令	描　　述
attach-interface	为访客添加新的网络接口
detach-device	从客户虚拟机中分离设备，采用与命令相同的 XML 描述 attach-device
detach-disk	从客户虚拟机中分离磁盘设备
detach-interface	从客户虚拟机分离网络接口
domxml-from-native	从本机客户虚拟机配置格式转换为域 XML 格式。有关 virsh 更多详细信息，请参见相关手册
domxml-to-native	从域 XML 格式转换为本机客户机配置格式

如图 6.12 所示，显示虚拟机的 vcpuinfo。

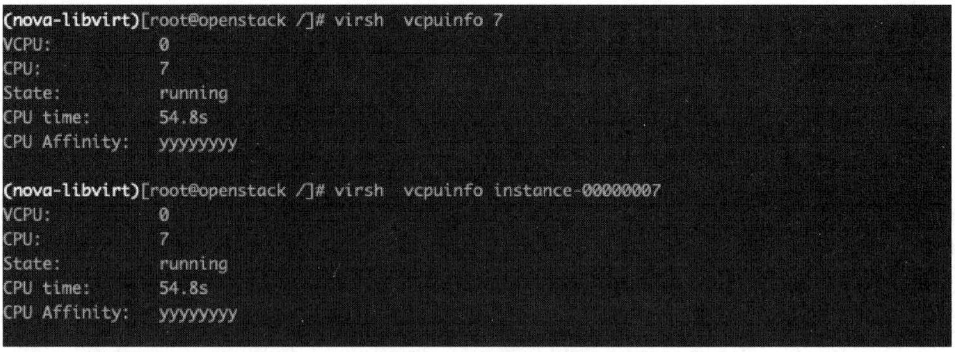

```
(nova-libvirt)[root@openstack /]# virsh  vcpuinfo 7
VCPU:           0
CPU:            7
State:          running
CPU time:       54.8s
CPU Affinity:   yyyyyyyy

(nova-libvirt)[root@openstack /]# virsh  vcpuinfo instance-00000007
VCPU:           0
CPU:            7
State:          running
CPU time:       54.8s
CPU Affinity:   yyyyyyyy
```

图 6.12　显示虚拟机 vcpuinfo

注意：图 6.12 中的参数可以使用虚拟机的 ID 或者名字。

6.3　KVM 其他特性

6.3.1　AVX 和 XSAVE 指令的支持

1. AVX 指令介绍

AVX（Advanced Vector Extensions，高级向量扩展）是 x86 架构处理器中的指令集，Intel 和 AMD 的处理器均支持该指令集。AVX 指令集由 Intel 在 2008 年 3 月提出，首次出现在 2011 年第一季度出品的 Sandy Bridge 系列处理器中。随后，AMD 在 2011 年第三季度推出的 Bulldozer 系列处理器也支持 AVX。

AVX 是 x86 指令集的 SSE 延伸架构，和 IA16 提升至 IA32 一样，AVX 把寄存器 XMM 128 位提升至 YMM 256 位，以增加一倍的运算效率（如图 6.13 所示）。此架构支持三运算指令 （3-Operand Instructions），减少了在编码上需要先复制才能运算的动作。

Intel AVX 指令集在使单指令多数据流计算性能增强的同时，也沿用了 MMX/SSE 指令集。 但是与 MMX/SSE 的不同点在于增强的 AVX 指令从指令的格式上发生了很大的变化。在 x86 （IA-32/Intel 64）架构的基础上增加了前缀（Prefix），所以实现了新的命令，也使更加复杂的 指令得以实现，从而提升 x86 CPU 的性能。

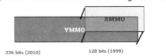

图 6.13　官方介绍图

AVX 2 指令集将整数操作扩展到了 256 位，并引入了 FMA 指令集作为扩充。AVX-512 则将指令进一步扩展到了 512 位。AVX 使用 16 个 YMM 寄存器，每个 YMM 寄存器包含 8 个 32 位单精度浮点数或 4 个 64 位双精度浮点数。

SIMD（单指令多数据流）寄存器文件的宽度从 128 位增加到 256 位，并将 XMM0～XMM7 重命名为 YMM0～YMM7（在 x86-64 模式下为 YMM0～YMM15）。在具有 AVX 支持的处理器中，可以使用 VEX 前缀扩展传统 SSE 指令（之前在 128 位 XMM 寄存器上运行）以便在 YMM 寄存器的低 128 位上操作。

AVX 引入了一种三操作数 SIMD 指令格式（如图 6.14 所示），其中目标寄存器与两个源操作数不同。例如，使用传统双操作数形式 a＝a＋b 的 SSE 指令，现在可以使用非破坏性的三操作数形式 c＝a＋b，保留两个源操作数。AVX 的三操作数格式仅限于具有 SIMD 操作数（YMM）的指令，并且不包括具有通用寄存器（例如 EAX）的指令。

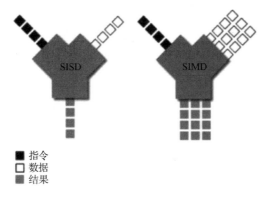

■ 指令
□ 数据
■ 结果

图 6.14　AVX 三操作数 SIMD 指令格式

2. XSAVE 指令（包括 XSAVE、XRSTOR 等）介绍

XSAVE 是在 Intel Nehalem 处理器中开始引入的，用于保存和恢复处理器扩展状态。Intel 引入 AVX 后，XSAVE 也要处理 YMM 寄存器状态。

在 KVM 虚拟化环境中，客户机的动态迁移需要保存处理器状态，然后在迁移后恢复处理器的执行状态。如果有 AVX 指令要执行，在保存和恢复时也需要 XSAVE/XRSTOR 指令的支持。

客户机可以检测到 CPU 有 AVX 和 XSAVE 的指令集支持，有需要用到它们的程序时就可正常使用，从而提高程序执行的性能。

6.3.2 AES 指令的支持

1. AES 指令介绍

高级加密标准（Advanced Encryption Standard，AES），在密码学中又称为 Rijndael 加密法，是美国联邦政府采用的一种分组加密标准。这个标准用于替代原先的 DES，已经在全世界广为使用。经过多年的甄选流程，AES 由美国国家标准与技术研究院（NIST）于 2001 年 11 月 26 日发布于 FIPS PUB 197 中，并在 2002 年 5 月 26 日成为有效的标准。至 2006 年，AES 已然成为对称密钥加密中最流行的算法之一。

AES 的分组长度固定为 128 位，密钥长度则可以是 128、192 或 256 位。随着大家对数据加密越来越重视，以及 AES 应用越来越广泛，并且 AES 算法用硬件实现的成本并不高，一些硬件厂商（包括 Intel、AMD 等）都在自己的 CPU 中直接实现了针对 AES 算法的一系列指令，从而提高 AES 加密/解密的性能。

在 KVM 虚拟化环境中，如果客户机支持 AES 新指令，同时在客户机中用到 AES 算法加密/解密，那么将 AES 新指令的特性提供给客户机使用，会改进应用程序使用 AES 执行加密和解密的速度。AES 优点如图 6.15 所示。

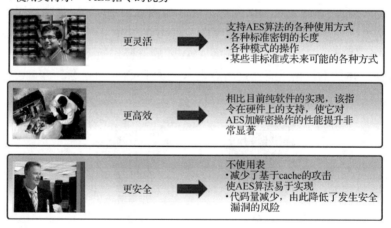

图 6.15　AES 的优点

2. AES 新指令的配置和测试过程

（1）检测硬件平台是否支持 AES-NI。一般来说，如果硬件不支持 AES-NI，那么会直接暴露在系统中。部分 BIOS 中的 CPU Configuration 设置有一个 AES-NI Inter 选项，需要确认打开了 AES-NI 的支持。

（2）保证在内核中将 AES-NI 相关的配置项目编译为模块或直接编译进内核。如果不是通过内核来使用 AES-NI，而是应用程序直接使用它，则这个步骤对内核模块的检查来说是不必要的。

（3）在宿主机中查看/proc/cpuinfo 中的 AES-NI 相关特性，并加载"aesni_intser"模块。

6.3.3 完全暴露宿主机 CPU 的特性

在 QEMU/KVM 中，QEMU 提供对 CPU 的模拟，展现给客户机一定的 CPU 数目和 CPU 特性；在 KVM 打开的情况下，客户机中 CPU 指令由硬件处理器的虚拟化功能来辅助执行，具有非常高的效率。

QEMU-KVM 提供 qemu64 作为默认的 CPU 模型，也可以通过"+"号来添加一个或多个 CPU 特性到一个基础的 CPU 模型之上。qemu32 和 qemu64 是基本的客户机 CPU 模型，也有其他的模型可以使用。可以使用 QEMU-KVM 命令的"-cpu <model>"参数来指定客户机的 CPU 模型，还可以附加指定的 CPU 特性。"-cpu"会将该指定 CPU 模型的所有功能全部暴露给客户机。当把宿主机所有的特性都暴露给 KVM 的虚拟机时，会使宿主机看到更多的特性，支持更多的功能。但是，如果是在不同 CPU 架构之间迁移虚拟机则有可能失败。支持更多特性的 CPU（一般是新的架构）宿主机上的虚拟机可以迁移到支持相对较少特性（一般是旧的架构）的 CPU 宿主机上，反之则会迁移失败。

6.4　实验　KVM 常用命令

1．实验目的

（1）能够通过相关命令配置 KVM 虚拟机；
（2）能够通过相关命令启动 KVM 虚拟机；
（3）能够通过相关命令关闭 KVM 虚拟机，以及完成其他的常用操作。

2．实验内容

（1）通过命令配置 KVM 虚拟机；
（2）通过命令操作 KVM 虚拟机开机、关机、重启、强制断电、挂起、恢复、删除以及随物理机启动而启动。

3．实验原理

（1）virsh 是由一个名为 libvirt 的软件提供的管理工具，提供管理虚拟机的更高级能力。virsh 大部分的功能与 xm 一样，可以利用 virsh 来启动、删除、控制、监控 Xen 的区域，因此，也可以利用 virsh 来管理 Xen 中所有的虚拟机。

（2）除了 Xen 外，还有许多机制也提供虚拟化的功能。然而，不同的虚拟化系统的使用方法都不太相同。为了让 Linux 可以通过同一种方法读取与管理各种虚拟化子系统，libvirt 团队开发了 libvirt.so 链接库，让软件的开发人员可以用 libvirt.so 提供的 API 来管控所有的虚拟化系统。而 virsh 就是利用 libvirt.so 链接库编写而成的管理工具。因此，不管实质上执行的是何种虚拟化子系统，只需学会 virsh 的使用方法，就可以使用和管理各种虚拟化系统提供的虚拟机了。

4．实验环境

（1）Windows 操作系统环境，安装好 PuTTY 软件；

（2）CentOS 7 操作系统，安装好 QEMU-KVM、virtualization-client 以及 libvirt；

（3）CentOS 7 系统中安装了测试虚拟机。

5．实验步骤

（1）查看、编辑及备份 KVM 虚拟机的配置文件，查看 KVM 状态。

在本步骤中，首先查看 KVM 虚拟机默认的配置文件，配置文件在/etc/libvirt/qemu 目录下，默认是以虚拟机名称命名的.xml 文件，命令以及执行结果如下所示：

```
[root@KVM ~]# ll /etc/libvirt/qemu
total 8
-rw-------. 1 root root 4149 Jul 28 09:56 demo.xml
drwx------. 3 root root 40 Aug 11 03:50 networks
```

然后修改 KVM 虚拟机配置文件，可以使用"vi"或"vim"命令进行编辑修改，但不建议这么做，正确的做法是使用"virsh edit 虚拟机名字"。命令以及执行结果如下所示：

```
[root@KVM ~]# virsh edit demo
<domain type='KVM'>
  <name>demo</name>
  <uuid>5c888d29-64a4-4f51-ac75-3fc9a0bc90ab</uuid>
  <memory unit='KiB'>1048576</memory>
  <currentMemory unit='KiB'>1048576</currentMemory>
  <vcpu placement='static'>1</vcpu>
  <os>
    <type arch='x86_64' machine='pc-i440fx-rhel7.0.0'>hvm</type>
    <boot dev='hd'/>
  </os>
  <features>
    <acpi/>
    <apic/>
  </features>
  <cpu mode='custom' match='exact' check='partial'>
    <model fallback='allow'>SandyBridge</model>
  </cpu>
  <clock offset='utc'>
    <timer name='rtc' tickpolicy='catchup'/>
    <timer name='pit' tickpolicy='delay'/>
    <timer name='hpet' present='no'/>
  </clock>
  <on_poweroff>destroy</on_poweroff>
```

备份 KVM 虚拟机配置文件，先创建一个备份目录，命令如下所示：

```
[root@KVM~]mkdir /data/KVMback      -备份相关文件
[root@KVM~]cp /etc/libvirt/qemu/*.xml /data/KVMback
```

查看全部的虚拟机状态，则在"virsh list"命令后面加上参数"--all"即可。命令以及执行结果如下所示：

```
[root@KVM ~]# virsh list --all
 Id    Name                       State
----------------------------------------------------
 14    demo                       running
```

（2）KVM 开关机、重启、强制断电、挂起、恢复、删除及随物理机启动而启动的设置。

在接下来的操作中，每个操作相对独立。KVM 虚拟机开启之外的操作，请确保虚拟机处在运行状态。

①KVM 虚拟机开启（启动），命令如下所示：

```
[root@KVM ~]# virsh start demo
Domain demo started
#查看虚拟机状态
[root@KVM ~]# virsh list
 Id    Name                           State
----------------------------------------------------
 16    demo                           running
```

②强制关机（强制断电），命令如下所示：

```
[root@KVM ~]# virsh destroy demo
Domain demo destroyed
[root@KVM ~]# virsh list --all
 Id    Name                           State
----------------------------------------------------
 -     demo                           shut off
#暂停（挂起）KVM 虚拟机
[root@KVM ~]#virsh list
 Id    Name                           State
----------------------------------------------------
 6     demo                           running
[root@KVM ~]# virsh suspend demo
Domain demo suspended
[root@KVM ~]# virsh list
 Id    Name                           State
----------------------------------------------------
 17    demo                           paused

#恢复被挂起的 KVM 虚拟机
[root@KVM ~]#virsh resume demo
domain demo resumed  #被重新恢复
[root@KVM ~]#virsh list
 Id    Name                           State
----------------------------------------------------
 17    demo                           running
```

③删除 KVM 虚拟机，命令如下所示：

```
[root@KVM~] virsh undefine demo
```

该方法只删除配置文件，磁盘文件未删除，相当于从虚拟机中移除。

④KVM 设置为随物理机启动而启动（开机启动），命令如下所示：

```
[root@KVM ~]# virsh autostart demo
Domain demo marked as autostarted
[root@KVM ~]# virsh autostart --disable demo
Domain demo unmarked as autostarted
```

KVM 是必须使用硬件虚拟化辅助技术（如 Intel VT-X、AMD-V）的 Hypervisor，在 CPU 运行效率方面有硬件支持，其效率是比较高的。在有 Intel EPT 特性支持的平台上，内存虚拟化的效率也较高。QEMU/KVM 提供了全虚拟化环境，可以让客户机不经过任何修改就能运行在 KVM 环境中。不过，KVM 在 I/O 虚拟化方面，传统的方式是使用 QEMU 纯软件的方式来模拟 I/O 设备，其效率并不高。在 KVM 中，可以在客户机中使用半虚拟化驱动（ParaVirtualized Drivers，PV Drivers）来提高客户机的性能（特别是 I/O 性能）。目前，KVM 中实现半虚拟化驱动的方式是采用 Virtio 这个 Linux 上的设备驱动标准框架，如图 7.1 所示。

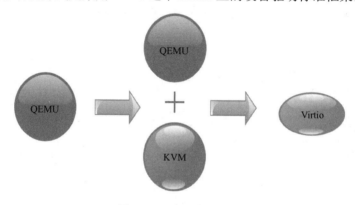

图 7.1　QEMU 与 Virtio

7.1　磁盘虚拟化技术

7.1.1　磁盘虚拟化方式概述

在使用 QEMU 模拟 I/O 的情况下，当客户机中的设备驱动程序（Device Driver）发起 I/O 操作请求时，KVM 模块中的 I/O 操作捕获代码会拦截这次 I/O 请求，经过处理后将本次 I/O 请求的信息存放到 I/O 共享页，并通知用户空间的 QEMU 程序。QEMU 模拟程序获得 I/O 操作的具体信息之后，交由硬件模拟代码来模拟出本次的 I/O 操作，完成之后，将结果返回 I/O 共享页，并通知 KVM 模块中的 I/O 操作捕获代码。最后，由 KVM 模块中的捕获代码读取 I/O 共享页中的操作结果，并把结果返回客户机中。当然，在这个操作过程中客户机作为一个 QEMU 进程在等待 I/O 时也可能被阻塞。另外，当客户机通过 DMA（Direct Memory Access）访问大块 I/O 时，QEMU 模拟程序不会把操作结果放到 I/O 共享页中，而是通过内存映射的方式将结果直接写到客户机的内存中去,然后通过 KVM 模块告诉客户机 DMA 操作已经完成。虚拟机访问 IO 设备流程如图 7.2 所示。

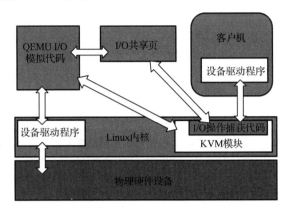

图 7.2 虚拟机访问 IO 设备流程

QEMU 模拟 I/O 设备的方式,其优点是可以通过软件模拟出各种各样的硬件设备,包括一些不常用的或者很老很经典的设备,而且它不用修改客户机操作系统,就可以实现模拟设备在客户机中正常工作。在 KVM 客户机中使用这种方式,对于解决手上没有足够设备的软件开发及调试有非常大的好处。而它的缺点是,每次 I/O 操作的路径比较长,有较多的 VMEntry、VMExit 发生,需要多次上下文切换(Context Switch),也需要多次数据复制,所以它的性能较差。

KVM 虚拟机在配置磁盘时,可以指定 IDE、SATA、Virtio、Virtio-SCSI 这几种磁盘类型。QEMU-KVM 可以模拟的磁盘类型如下。

1. IDE 接口

IDE 接口是把"硬盘控制器"与"盘体"集成在一起的硬盘驱动器。IDE 把盘体与控制器集成在一起,减少硬盘接口的电缆数目与长度,数据传输的可靠性得到增强,硬盘制造起来变得更容易。因此,硬盘生产厂商不需要再担心自己的硬盘是否与其他厂商生产的控制器兼容。对用户而言,硬盘安装起来也更为方便。IDE 接口技术从诞生至今就一直在不断发展,性能也在不断地提高,其拥有的价格低廉、兼容性强等特点,为其造就了其他类型硬盘无法替代的地位。

IDE 接口如图 7.3 所示。

图 7.3 IDE 接口

2. SATA 接口

串行 ATA（Serial Advanced Technology Attachment，Serial ATA，即 SATA）是一种计算机总线，负责主板和大容量存储设备（如硬盘及光盘驱动器）之间的数据传输，主要用于个人计算机。串行 ATA 与串列 SCSI（Serial Attached SCSI，SAS）两者排线兼容，SATA 硬盘可接上 SAS 接口。

SATA 由"Serial ATA Working Group"团体所制定，取代旧式 PATA（Parallel ATA，或旧称 IDE）接口的旧式硬盘，因采用串行方式传输数据而得名。一方面，在数据传输上，SATA 的速度比以往更快，并支持热插拔，使计算机运行时可以插上或拔除硬件；另一方面，SATA 总线使用嵌入式时钟频率信号，具备比以往更强的纠错能力，能对传输指令（不仅是数据）进行检查，如果发现错误会自动矫正，从而提高数据传输的可靠性。SATA 使用了较细的排线，有利于机箱内部的空气流通，某程度上增加了整个平台的稳定性。

目前，SATA 分别有 SATA 1.5Gb/s、SATA 3Gb/s 和 SATA 6Gb/s 三种规格，接口如图 7.4 所示。

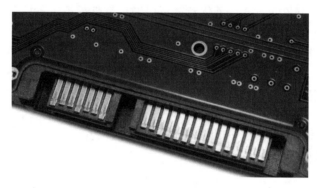

图 7.4　SATA 接口

3. Virtio 接口

Virtio 是半虚拟化 Hypervisor 中位于设备之上的抽象层。Virtio 由 Rusty Russell 开发，他当时的目的是支持自己的虚拟化解决方案 Lguest。

Virtio 是对半虚拟化 Hypervisor 中的一组通用模拟设备的抽象。该设置还允许 Hypervisor 导出一组通用的模拟设备，并通过一个通用的应用编程接口（API）让它们变得可用。有了半虚拟化 Hypervisor 之后，客户机操作系统能够实现一组通用的接口，在一组后端驱动程序之后采用特定的设备模拟。后端驱动程序不需要是通用的，因为它们只实现前端所需的行为。

除了前端驱动程序（在客户机操作系统中实现）和后端驱动程序（在 Hypervisor 中实现）（如图 7.5 所示），Virtio 还定义了两个层来支持客户机操作系统到 Hypervisor 的通信。在顶级（称为 Virtio）的是虚拟队列接口，它在概念上将前端驱动程序附加到后端驱动程序。驱动程序可以使用 0 个或多个队列，具体数量取决于需求。例如，Virtio 网络驱动程序使用两个虚拟队列（一个用于接收，另一个用于发送），而 Virtio 块驱动程序仅使用一个虚拟队列。虚拟队列实际上被实现为跨越客户机操作系统和 Hypervisor 的衔接点，但它可以通过任意方式实现，前提是客户机操作系统和 Virtio 后端程序都遵循一定的标准，以相互匹配的方式实现。而 Virtio-ring 实现了环形缓冲区（Ring Buffer），用于保存前端驱动和后端处理程序执行的信息，并且它可以一次性保存前端驱动的多次 I/O 请求，交由后端去批量处理，最后通过调用宿主机中设备驱动实现物理上的 I/O 操作，这样做就可以根据约定实现批量处理，而不是客户机中每次 I/O 请求都需要处理一次，从而提高客户机与 Hypervisor 信息交换的效率。Virtio 架构如图 7.6 所示。

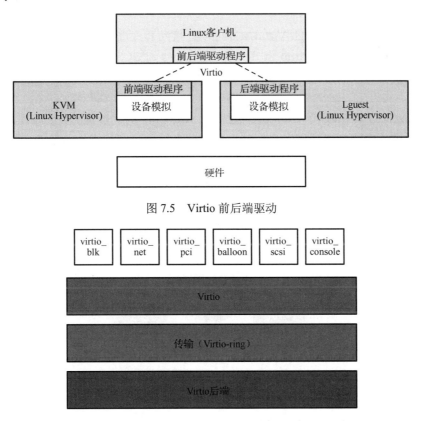

图 7.5　Virtio 前后端驱动

图 7.6　Virtio 架构

Virtio 半虚拟化驱动的方式可以获得很好的 I/O 性能，几乎可以达到和 Native（非虚拟化环境中的原生系统）差不多的 I/O 性能。所以，在使用 KVM 时，如果宿主机内核和客户机都支持 Virtio，一般推荐使用 Virtio 以达到更好的性能。当然，Virtio 也是有缺点的，它要求客户机必须安装特定的 Virtio 驱动以使其知道是运行在虚拟化环境中的，且按照 Virtio 的规定格式进行数据传输。但是，客户机中可能有一些老版本的 Linux 系统不支持 Virtio，而主流的 Windows 系统需要安装特定的驱动才支持 Virtio。较新的一些 Linux 发行版（如 RHEL 6.3、Fedora 17 等）默认都将 Virtio 相关驱动编译为模块，可直接作为客户机使用 Virtio，而且对于主流 Windows 系统也都有对应的 Virtio 驱动程序可供下载使用。

需要注意的是，CentOS 6.x 只支持 IDE 和 Virtio 磁盘类型，CentOS 7.x 增加支持 SATA 和 Virtio-SCSI 磁盘类型。

4. Virtio-SCSI 接口

Virtio-SCSI 是一种新的半虚拟化 SCSI 控制器设备，是替代 virtio_blk 并改进其功能的 KVM Virtualization 存储堆栈的替代存储实现的基础。它提供与 virtio_blk 相同的性能，并具有以下优点：

（1）可伸缩性：虚拟机可以连接到更多存储设备（Virtio-SCSI 可以处理每个虚拟 SCSI

适配器的多个块设备）。

（2）标准命令：set-Virtio-scsi 使用标准 SCSI 命令集，简化了新功能的添加。

（3）标准设备：naming-Virtio-scsi 磁盘使用与裸机系统相同的路径，简化了物理到虚拟以及虚拟到虚拟的迁移。

（4）SCSI 设备：passthrough-Virtio-scsi 可以直接向客户虚拟机提供物理存储设备。

（5）与 virtio_blk 相比，Virtio-SCSI 能够直接连接到 SCSI LUN 并显著提高可扩展性。Virtio-SCSI 的优势在于它能够处理数百个设备，而 virtio_blk 只能处理大约 30 个设备并用尽 PCI 插槽。

（6）Virtio-SCSI 旨在取代 virtio_blk，保留了 virtio_blk 的性能优势，同时提高了存储可扩展性，允许通过单个控制器访问多个存储设备，并支持重用客户操作系统的 SCSI 堆栈。

不同磁盘类型的设备数量如图 7.7 所示。

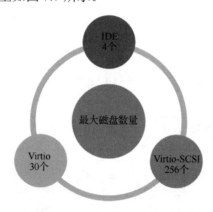

图 7.7　不同磁盘类型的设备数量

7.1.2　不同磁盘类型的优缺点

IDE 虚拟磁盘的兼容性最好，在一些特定的环境，必须使用低版本操作系统的虚拟机，只能选择使用 IDE，如 CentOS 4.x 系列、CentOS 5.3 以前的版本，以及 Windows 2000 以前的版本。对于比较新的操作系统，尽量使用 Virtio 的驱动，性能会好很多，并且 Windows 系统 Virtio 的驱动要尽量使用比较新的官方驱动。

从理论上讲，Virtio 会比 IDE 磁盘性能好很多，因为 IDE 是全软件模拟，Virtio 是半虚拟化驱动。Virtio 改造了虚拟机，使虚拟机可以直接和虚拟化层通信，极大地提高通信效率。

7.1.3　磁盘缓存方式详解

1. 磁盘缓存简介

在 KVM 中，宿主机（Host）和客户机（Guest）各自维护自己的页面缓存，使得内存中存在两份缓存数据。宿主机的缓存为页面缓存（Page Cache），可以理解为读缓存；客户机的缓存为磁盘写缓存（Disk Write Cache），可以理解为写缓存。前者优化读性能，后者优化写性能。各种缓存模式如图 7.8 所示。

cache mode（缓存模式）	host pagecache（宿主机页面缓存）	disk write cache（客户机写缓存）
write through（直写模式）	on（支持）	off（不支持）
writeback（回写模式）	on（支持）	on（支持）
none（无模式）	off（不支持）	on（支持）
unsafe（不安全模式）	on（支持）	ignore（忽略）
directsync（直接同步模式）	off（不支持）	off（不支持）

图 7.8　缓存模式和宿主机以及磁盘缓存的关系

磁盘 IO 从虚拟机到宿主机物理存储的过程中需要经过 9 层：

（1）虚拟机应用层；

（2）虚拟机文件系统或者块设备层；

（3）虚拟机磁盘驱动；

（4）虚拟化层；

（5）镜像或者裸设备；

（6）宿主机文件系统或者块设备层；

（7）宿主机磁盘驱动；

（8）RAID 卡及 Cache；

（9）硬盘及 Cache。

QEMU 的存储缓存模式主要调整的是宿主机页面缓存的使用和虚拟化层是否为虚拟机提供磁盘的缓存，也就是上述的（1）～（7）层，如图 7.9 所示。

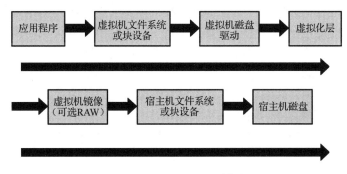

图 7.9　QEMU 的缓存模式

2. 每种缓存模式的详细解释

（1）缓存方式未指定。

在低于 1.2 版本的 QEMU-KVM 中，如果没有指定缓存方式，默认使用 writethrough（直写）模式。之后的版本修复了大量的 writeback（回写）或者直写缓存模式的虚拟化存储接口语义问题，允许将默认的缓存模式切换到回写模式。但是，典型的虚拟机存储驱动将会默认维持在直写模式，如图 7.10 所示。

图 7.10　不同版本的默认方式

（2）cache = writethrough。

直写模式。这种模式设置虚拟机的磁盘镜像文件或者块设备为 O_DSYNC 语义，数据只有合并写入存储设备后才会返回成功报告。宿主机的页面缓存模式工作在直写方式。虚拟机的磁盘驱动告知虚拟机没有回写缓存，所以虚拟机不需要发出刷盘命令以保持数据一致性。存储设备的行为就像是透过缓存直接写入一样。

（3）cache = writeback。

回写模式。这种模式设置虚拟机的磁盘镜像文件或者块设备既不是 O_DSYNC 也不是 O_DIRECT 语义，所以可以使用宿主机页面缓存，数据存到宿主机页面缓存就给虚拟机返回成功报告，页面缓存管理机制会把数据写入宿主机存储设备。另外，虚拟机磁盘控制器可以使用回写缓存，所以虚拟机在需要保证数据一致性的时候会发出刷盘命令。过程就像 RAID 控制器的 RAM 缓存机制。

（4）cache = none。

无模式。这种模式设置虚拟机的磁盘镜像文件或者块设备为 O_DIRECT 语义，所以宿主机的页面缓存被绕过，I/O 直接在 QEMU-KVM 的用户空间缓存和宿主机存储设备间发生。由于实际的存储设备可能在数据被放入写入队列时就报告数据写操作完成，虚拟机的存储控制器被告知有回写缓存，于是虚拟机在需要保证数据一致性的时候会发出刷盘命令。相当于直接访问主机的磁盘，并且有优越的性能。

（5）cache = unsafe。

不安全模式。这种模式同上面讨论的回写模式非常类似，不同的地方是所有的虚拟机刷盘指令会被忽略，使用这个模式意味着要接受宿主机故障时数据丢失的风险，以换取性能。这个模式可以在系统安装的时候使用，不建议在生产环境使用。

（6）cache=directsync。

直接同步模式。这种模式设置虚拟机的磁盘镜像文件或者块设备同时使用 O_DSYNC 和 O_DIRECT 语义，只有数据被合并写入存储设备才会报告写操作成功。这种模式也绕过宿主机的页面缓存，类似直写模式，虚拟机也不需要发出刷盘命令。这种模式是最后一种语义缓存和直接访问的可能的组合，是缓存方式的一种补充。

3. 缓存模式的数据一致性比较

（1）cache = writethrough、cache = none 和 cache=directsync。

这些是比较安全的模式，可以考虑用于保持数据一致性，虚拟机可以在需要的时候刷盘。如果是一台可靠性要求非常高的虚拟机，请使用直写或者直接同步模式。注意：一些文件系统不兼容无模式或直接同步模式，当这些缓存模式被开启时，这些文件系统不支持 O_DIRECT。

（2）cache = writeback。

这种模式通知虚拟机工作在回写模式，依靠虚拟机在必要的时候发起刷盘命令保持虚拟机镜像的数据一致性。这和现代文件系统存储设计思路保持完全一致。但是必须注意，在数据报告写完成和真正地合并写到存储设备上这个时间窗口期，这种模式在宿主机故障时会丢失数据。

（3）cache = unsafe。

这种模式同回写模式非常相似，只是希望忽略虚拟机的刷盘指令，通过刷盘保持数据一致性是无效的，所以宿主机出现故障时数据丢失的风险非常高。被命名为 unsafe（不安全）也是警告这是宿主机故障时数据丢失风险最高的一种模式。注意：只有在关闭虚拟机的时候才有数据刷盘的动作。

4. 缓存方式对在线迁移的影响

存储数据和元数据的缓存限制了在线迁移的配置。当前，只有 RAW、QCOW2、QED 等镜像格式支持在线迁移。如果使用的是集群文件系统，所有的镜像格式都支持迁移；如果不是，只有 none 模式下支持在线迁移。

libvirt 会检查在线迁移的几种兼容性因素。如果虚拟机在集群文件系统上，共享存储被标记为只读模式，缓存模式的检查会被忽略；如果不在集群文件系统上，同时如果缓存模式不是 none，libvirt 不会允许在线迁移。但是，也可以通过"virsh"命令使用"unsafe"参数，或者使用 API，强制执行在线迁移，例如：

```
virsh migrate --live --unsafe
```

7.1.4　磁盘镜像格式

1. KVM 存储方式简介

KVM 虚拟机的磁盘镜像从存储方式上看可以分为两种：第一种是存储于文件系统上，如图 7.11 所示；第二种是直接使用裸设备。

存储于文件系统上的镜像有多种格式，如 RAW、CLOOP、COW、QCOW、QCOW2、VMDK、VDI 等，经常使用的是 RAW 和 QCOW2，如图 7.12 所示。

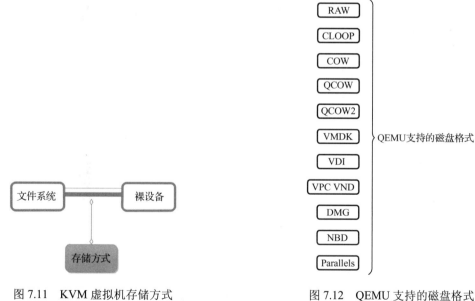

图 7.11　KVM 虚拟机存储方式　　　图 7.12　QEMU 支持的磁盘格式

2. 常见文件格式介绍

（1）RAW。

这是原始的磁盘镜像格式，也是"qemu-img"命令默认的文件格式。其优势在于它非常简单，而且非常容易移植到其他模拟器（Emulator，QEMU 也是一个 Emulator）上去使用。如果客户机文件系统（如 Linux 上的 EXT2/EXT3/EXT4、Windows 的 NTFS）支持"空洞"（hole），那么镜像文件只有在被写有数据的扇区才会真正占用磁盘空间，从而有节省磁盘空间的作用。

qemu-img 默认的 RAW 格式的文件其实是稀疏文件（Sparse File），比如使用"dd"命令创建的镜像也是 RAW 格式，不过那是一开始就让镜像实际占用了分配的空间，而没有使用稀疏文件的方式节省磁盘空间。尽管一开始就实际占用磁盘空间的方式没有节省磁盘的效果，但是它在写入新的数据时不需要宿主机从现有磁盘中分配空间，从而在第一次写入数据时性能会比稀疏文件的方式更好。

（2）QCOW2。

QCOW2 是 QEMU 目前推荐的 QEMU 镜像格式，是功能最多的格式。它支持稀疏文件（即支持空洞）以节省存储空间，支持可选的 AES 加密以提高镜像文件安全性，支持基于 zlib 的压缩，支持在一个镜像文件中有多个虚拟机快照。

参数"cluster_size"用来设置镜像中的簇大小，取值在 512B 到 2MB 之间，默认值为 64KB。较小的簇可以节省镜像文件的空间，而较大的簇会带来更好的性能，需要根据实际情况来平衡，一般采用默认值即可。

参数"preallocation"用于设置镜像文件空间的预分配模式，其值可为"off""metadata"之一。"off"模式是默认值，设置了不为镜像文件预分配磁盘空间；而"metadata"模式设置为镜像文件预分配 metadata 的磁盘空间，所以这种方式生成的镜像文件稍大一点，不过在其真正分配空间写入数据时效率更高。另外，在一些版本的 qemu-img 中（如 RHEL 6.3 自带的）还支持"full"模式的预分配，它表示在物理上预分配全部的磁盘空间，它将镜像的空间都填充零去占用空间，当然它所花费的时间较长，不过使用时性能更好。

参数"encryption"用于设置加密，当它等于"on"时，镜像被加密。它使用 128 位密钥的 ASE 加密算法，故其密码长度可以达 16 个字符（每个字符 8 位），可以保证加密的安全性较高。在"qemu-img convert"命令转化为 QCOW2 格式时，加上"-o encryption"即可对镜像文件设置密码，而在使用镜像启动客户机时需要在 QEMU Monitor 中输入"cont"或"c"（是 continue 的意思）命令来唤醒客户机输入密码后继续执行（否则客户机将不会真正启动）。

（3）QCOW。

这是一种较旧的 QEMU 镜像格式，现在已很少使用该格式了，一般用于兼容 8.3 版本之前的 QEMU。它支持"backing_file"（后端镜像）和"encryption"（加密）两个选项。

（4）COW。

用户模式 Linux（User-Mode Linux）的 Copy-On-Write 的镜像文件格式。

（5）VDI。

兼容 Oracle（Sun）VirtualBox 1.1 的镜像文件格式（Virtual Disk Image）。

（6）VMDK。

兼容 VMware 4 以上的镜像文件格式（Virtual Machine Disk Format）。

（7）VPC。

兼容 Microsoft 的 Virtual PC 的镜像文件格式（Virtual Hard Disk Format）。

7.1.5　文件系统块对齐

早于 Windows Server 2008 的 Windows 系统和 2010 年以前的 Linux 系统，第一个分区的扇区是磁盘第 63 扇区，并且扇区尺寸是 512B。这个是历史的原因造成的，硬盘必须将 cylinder/head/sector（CHS）信息报告给 BIOS，这个信息在现代的操作系统中是没有意义的，但是磁盘依然报告给 BIOS 每个磁盘轨道有 63 个扇区，因此，操作系统依然将第一个分区的开始位置放置在第一个磁盘轨道上，从第 63 个扇区开始。

当虚拟化的时候，虚拟机操作系统和虚拟化引擎采用以下几种对齐方式：

（1）512B 方式。

虚拟机操作系统使用本地裸设备，并且裸设备使用 512B 的扇区。

（2）4KB 方式。

在新的本地硬盘上使用 4KB 的物理扇区；在基于文件系统的存储方式上使用 4KB 的物理扇区；在基于网络的存储方式上使用 4KB 的物理扇区。

（3）64KB 方式。

在高速网络存储上使用，是一些高速网络存储的默认值。

（4）1MB 方式。

微软从 Windows Server 2008 开始默认采用 1MB 的块对齐方式，随后 Linux 系统做了跟进。

假设虚拟机是 512B 的扇区，用户会看到 Windows Server 2008 第一个分区从第 2048 个扇区开始，随后的分区从 2048 倍数个扇区开始。

举例来说，在 4KB 扇的系统上，虚拟机的文件系统块的第 63 扇区横跨物理机文件系统的两个块，会造成一个块的读写操作横跨两个物理机的块，产生额外的 IO 开销。

文件系统块对齐是虚拟化磁盘调优的重要软件手段，在低版本的操作系统上效果明显，性能对比如图 7.13 所示。

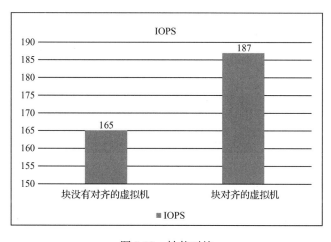

图 7.13　性能对比

7.2 实验 使用 qemu-img 管理虚拟磁盘 1

1. 实验目的

（1）能够查看 qemu-img 帮助信息；
（2）能够创建稀疏的虚拟磁盘镜像；
（3）能够创建非稀疏的虚拟磁盘镜像；
（4）能够在非稀疏文件和稀疏文件之间转换。

2. 实验内容

（1）查看 qemu-img 的帮助信息；
（2）创建稀疏的虚拟磁盘镜像；
（3）创建非稀疏的虚拟磁盘镜像；
（4）将非稀疏文件转为稀疏文件。

3. 实验原理

（1）稀疏文件（Sparse File）是一种计算机文件，它能尝试在文件内容大多为空时更有效率地使用文件系统的空间。其原理是以简短的信息（元数据）表示空数据块，而不是在磁盘上占用实际空间来存储空数据块。只有真实（非空）的数据块会按原样写入磁盘。

（2）在读取稀疏文件时，文件系统会按元数据在运行时将这些透明转换为"真实"的数据块，即填充为零。应用程序不会察觉这个转换。大多数现代的文件系统支持稀疏文件，包括大多数 UNIX 变种和 NTFS。

4. 实验环境

（1）Windows 操作系统环境，安装 PuTTY 软件；
（2）CentOS 7 操作系统一台，安装 QEMU-KVM。

5. 实验步骤

（1）创建一个虚拟磁盘，查看虚拟磁盘信息。

①查看 qemu-img 帮助信息。

在本步骤中，为了方便后续内容的学习，首先来查看 qemu-img 的帮助信息，看看 qemu-img 支持哪些功能。命令以及执行结果如下所示：

```
[root@kvm ~]# qemu-img --help
qemu-img version 1.2.50, Copyright (c) 2004-2008 Fabrice Bellard
usage: qemu-img command [command options]
QEMU disk image utility
Command syntax:
check [-f fmt] [-r [leaks | all]] filename
create [-f fmt] [-o options] filename [size]
commit [-f fmt] [-t cache] filename
```

```
 convert [-c] [-p] [-f fmt] [-t cache] [-O output_fmt] [-o options] [-s
snapshot_name] [-S sparse_size] filename [filename2 [...]] output_filename
 info [-f fmt] [--output=ofmt] filename
 snapshot [-l | -a snapshot | -c snapshot | -d snapshot] filename
 rebase [-f fmt] [-t cache] [-p] [-u] -b backing_file [-F backing_fmt] filename
 resize filename [+ | -]size
```

②创建默认格式的虚拟磁盘。

切换到/vm 目录下，然后不指定磁盘类型，创建一个默认格式的虚拟磁盘。可以看到，默认创建的是 RAW 格式的虚拟磁盘文件。命令以及执行结果如下所示：

```
[root@kvm ~]# cd /vm
[root@kvm vm]# qemu-img create t1.img 1g
Formatting 't1.img', fmt=raw size=1073741824
```

③查看虚拟磁盘信息。

查看刚刚创建的虚拟磁盘文件信息。可以看到，此虚拟磁盘的大小为 1GB，实际占用本地磁盘空间为 0，说明这个虚拟磁盘文件是稀疏文件。命令以及执行结果如下所示：

```
[root@kvm vm]# qemu-img info t1.img
image: t1.img
file format: raw
virtual size: 1.0G (1073741824 bytes)
disk size: 0
[root@kvm vm]# du -h t1.img
t1.img
```

（2）创建一个非稀疏文件的虚拟磁盘。

①创建非稀疏文件虚拟磁盘。

上一步已经创建了一个稀疏文件的虚拟磁盘，在本步骤中用"dd"命令创建一个非稀疏文件的虚拟磁盘。在创建的过程中，可以明显地感觉到创建时间比较长。命令以及执行结果如下所示：

```
[root@kvm vm]# dd if=/dev/zero of=test1.img bs=1024k count=1000
1000+0 records in
1000+0 records out
1048576000 bytes (1.0 GB) copied, 1.59095 s, 659 MB/s
```

②查看磁盘信息。

查看磁盘信息时可以看到，虚拟磁盘的大小为 1.0GB，占用本地空间为 1.0GB，用"du"命令查看文件信息可以看到虚拟磁盘占用了本地的 1001MB 空间，说明此虚拟磁盘不是稀疏文件。命令以及执行结果如下所示：

```
[root@kvm vm]# qemu-img info test1.img
image: test1.img
file format: raw
virtual size: 1.0G (1048576000 bytes)
disk size: 1.0G
[root@kvm vm]# du -h test1.img
1001M  test1.img
```

（3）创建一个稀疏文件的虚拟磁盘。

①创建虚拟磁盘。

在本步骤中，用"dd"命令，指定"seek"参数，来创建一个类型是稀疏文件的虚拟磁盘。命令以及执行结果如下所示：

```
[root@kvm vm]# dd if=/dev/zero of=test2.img bs=1024k count=0 seek=1024
0+0 records in
0+0 records out
0 bytes (0 B) copied, 0.000166231 s, 0.0 kB/s
```

②查看 test2.img 磁盘信息。

在本步骤中，用"qemu-img info"命令查看磁盘信息。叫以看到，虚拟磁盘的大小为 1.0GB，占用本地空间为 0。用 "du" 命令查看文件信息，可以看到虚拟磁盘占用本地空间为 0，说明此虚拟磁盘是稀疏文件。命令以及执行结果如下所示：

```
[root@kvm vm]# qemu-img info test2.img
image: test2.img
file format: raw
virtual size: 1.0G (1073741824 bytes)
disk size: 0
```

（4）稀疏文件与非稀疏文件之间的转换。

①不改变文件稀疏性复制文件。

用"cp"命令直接复制虚拟磁盘文件，会发现虚拟磁盘文件的稀疏性不变。命令以及执行结果如下所示：

```
[root@kvm vm]#cp test1.img test1.1.img
[root@kvm vm]# qemu-img info test1.1.img
image: test1.1.img
file format: raw
virtual size: 1.0G (1048576000 bytes)
disk size: 1.0G
```

②将非稀疏文件转为稀疏文件。

在本步骤中，用"cp"命令在复制文件的同时将非稀疏文件转为稀疏文件，可以发现，文件已经由非稀疏文件转换为稀疏文件了。命令以及执行结果如下所示：

```
[root@kvm vm]# cp test1.img --sparse=always test1.2.img
[root@kvm vm]# qemu-img info test1.12.img
qemu-img: Could not open 'test1.12.img': No such file or directory
[root@kvm vm]# qemu-img info test1.2.img
image: test1.2.img
file format: raw
virtual size: 1.0G (1048576000 bytes)
disk size: 0
```

7.3　实验　使用 qemu-img 管理虚拟磁盘 2

1．实验目的

（1）学习使用 qemu-img 管理虚拟磁盘；

（2）掌握 qemu-img 基本使用方法。

2．实验内容

（1）使用 qemu-img 创建一个 QCOW2 虚拟磁盘文件；

（2）使用指定预分配策略来创建 QCOW2 虚拟磁盘文件；

（3）创建加密的 QCOW2 虚拟磁盘文件；

（4）创建增量镜像。

3．实验原理

（1）QCOW2 是 QEMU 的虚拟磁盘映像格式，它是一种非常灵活的磁盘格式，支持瘦磁盘（类似稀疏文件）格式，可选 AES 加密、zlib 压缩及多快照功能。

（2）在使用 qemu-img 创建 QCOW2 虚拟磁盘时，可以设置磁盘预分配策略，其支持两种格式：

①off 模式：缺省预分配策略，即不使用预分配策略；

②metadata 模式：分配 QCOW2 的元数据（metadata），预分配后的虚拟磁盘仍然属于稀疏映像类型。

（3）增量镜像是在一个已经做好的镜像基础上，仅记录改变的部分，在虚拟机里面看到的还是一块完整的磁盘。

4．实验环境

（1）Windows 操作系统环境，安装了 PuTTY 软件；

（2）CentOS 7 操作系统 1 台，安装了 QEMU-KVM、gnome-desktop、libvirt、virt-install、virt-viewer；

（3）准备 Cirros 镜像。

5．实验步骤

（1）检查实验环境。

用 PuTTY 软件连接到自己的实验环境。然后用 "ll" 命令检查/vm 目录下是否存在虚拟磁盘文件 cirros.qcow2 和 Coreos.qcow2。命令以及执行结果如下：

```
[root@localhost ~]# ll /vm
total 529772
-rw-r--r--. 1 root root 215744512 Jul 28 23:51 cirros1.qcow2
-rw-------. 1 root root  42270720 Aug  8 09:25 cirros-clone.qcow2
-rw-r--r--. 1 root root 284426240 Aug  8 09:24 cirros.qcow2
-rw-r--r--. 1 qemu qemu    197120 Aug  7 09:34 Coreos.qcow2
drwx------. 2 root root      4096 Jul 29 03:55 guest_images
drwx------. 2 root root     16384 Jul 28 06:29 lost+found
```

（2）使用 qemu-img 创建一个 QCOW2 虚拟磁盘文件。

在本步骤中，使用默认参数来创建一个 QCOW2 文件，在这里不指定磁盘的预分配策略。查看磁盘信息可以知道，默认创建的是一个稀疏文件。命令以及执行结果如下所示：

```
[root@localhost ~]# cd /vm
[root@localhost vm]# qemu-img create -f qcow2 test1.qcow2 1g    //创建
test1.qocw 文件，大小 1G
```

```
  Formatting  'test1.qcow2',  fmt=qcow2  size=1073741824  encryption=off
cluster_size=65536 lazy_refcounts=off
  [root@localhost vm]# qemu-img info test1.qcow2
  image: test1.qcow2
  file format: qcow2

  virtual size: 1.0G (1073741824 bytes)
  disk size: 196K
  cluster_size: 65536
  Format specific information:
      compat: 1.1
      lazy refcounts: false
```

（3）使用指定预分配策略来创建 QCOW2 虚拟磁盘文件。

①指定预分配策略为 off 创建虚拟磁盘。

在本步骤中，先指定预分配策略为 off，创建一个 QCOW2 虚拟磁盘文件，然后查看虚拟磁盘文件信息，可以看到与默认创建的虚拟磁盘信息一致。命令以及执行结果如下所示：

```
  [root@localhost  vm]#  qemu-img  create  -f  qcow2  -o  preallocation=off
test2.qcow2 1g
  Formatting  'test2.qcow2',  fmt=qcow2  size=1073741824  encryption=off
cluster_size=65536 preallocation='off' lazy_refcounts=off
  [root@localhost vm]# qemu-img info test2.qcow2
  image: test2.qcow2
  file format: qcow2
  virtual size: 1.0G (1073741824 bytes)
  disk size: 196K
  cluster_size: 65536
  Format specific information:
      compat: 1.1
      lazy refcounts: false
```

②指定预分配策略为 metadata 创建虚拟磁盘。

在本步骤中，指定预分配策略为 metadata，创建一次 QCOW2 虚拟磁盘文件，查看虚拟磁盘信息可以看到，实际占用空间比上一个文件稍大一点，这是因为指定了要分配 QCOW2 的元数据，优点是可以提升性能。命令以及执行结果如下所示：

```
  [root@localhost vm]# qemu-img create -f qcow2 -o preallocation=metadata
test3.qcow2 1g
  Formatting  'test3.qcow2',  fmt=qcow2  size=1073741824  encryption=off
cluster_size=65536 preallocation='metadata' lazy_refcounts=off
  [root@localhost vm]# qemu-img info test3.qcow2
  image: test3.qcow2
  file format: qcow2
  virtual size: 1.0G (1073741824 bytes)
  disk size: 332K
  cluster_size: 65536
  Format specific information:
      compat: 1.1
      lazy refcounts: false
```

（4）创建加密的 QCOW2 虚拟磁盘文件。

在本步骤中，可以通过指定 "encryption" 参数来实现虚拟磁盘的加密功能。查看虚拟磁盘信息可以看到，磁盘加密功能已经开启了。命令以及执行结果如下所示：

```
[root@localhost vm]# qemu-img create -f qcow2 -o encryption=on test4.qcow2 1g
    Formatting  'test4.qcow2',  fmt=qcow2  size=1073741824  encryption=on
cluster_size=65536 lazy_refcounts=off
    [root@localhost vm]# qemu-img info test4.qcow2
    image: test4.qcow2

    file format: qcow2
    virtual size: 1.0G (1073741824 bytes)
    disk size: 196K
    encrypted: yes
    cluster_size: 65536
    Format specific information:
        compat: 1.1
        lazy refcounts: false
```

（5）创建增量镜像。

①创建增量镜像。

在本步骤中，创建一个增量镜像，以 cirros.qcow2 为后备镜像，这里不需要指定磁盘文件大小。命令以及执行结果如下所示：

```
[root@localhost vm]# qemu-img create -f qcow2 -o backing_file=cirros.qcow2
test11.qcow2
    Formatting  'test11.qcow2',  fmt=qcow2  size=1119879168  backing_file=
'cirros.qcow2' encryption=off cluster_size=65536 lazy_refcounts=off
    [root@localhost vm]# qemu-img info test11.qcow2
    image: test11.qcow2
    file format: qcow2
    virtual size: 1.0G (1119879168 bytes)
    disk size: 196K
    cluster_size: 65536
    backing file: cirros.qcow2
    Format specific information:
        compat: 1.1
        lazy refcounts: false
```

②使用 virt-install 通过增量镜像创建一个虚拟机。

在本步骤中，使用"virt-install"命令来通过增量镜像创建一个虚拟机。命令以及执行结果如下所示（启动之后如图 7.14 所示）：

```
[root@localhost vm]# virt-install --import --name=test --vcpu=1 --ram=1024
--disk path=/vm/test11.qcow2 --network network=default --os-type=linux
    Starting install...
    Creating domain...                              |   0 B    00:00
    virsh --connect qemu:///system start test
```

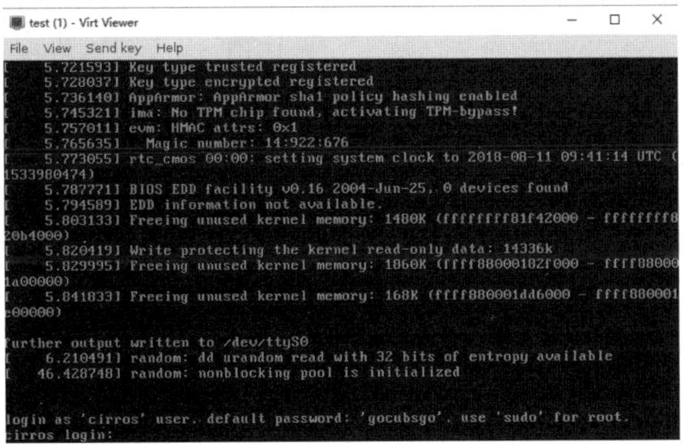

图 7.14　虚拟机登录界面

7.4 实验 使用 qemu-img 管理虚拟磁盘 3

1. 实验目的

（1）能够使用命令转换镜像的格式；
（2）能够使用命令改变磁盘镜像文件的大小；
（3）能够使用命令检查磁盘镜像文件的一致性。

2. 实验内容

（1）使用 qemu-img 转换镜像文件格式；
（2）改变磁盘文件大小；
（3）检查镜像文件的一致性。

3. 实验原理

（1）qemu-img 是 QEMU 的磁盘管理工具，在 QEMU-KVM 源码编译后就会默认编译好 qemu-img 这个二进制文件。

（2）qemu-img 支持不同格式的镜像文件之间的转换，比如可以把 VMware 用的 VMDK 格式文件转换为 QCOW2 文件。

（3）qemu-img 支持改变镜像文件的大小，使其不同于创建时的大小。"+"和"−"分别表示增加和减少镜像文件的大小，而 size 也是支持 KB、MB、GB、TB 等单位的使用。

（4）qemu-img 支持对磁盘镜像文件进行一致性检查，查找镜像文件中的错误，目前仅支持对 QCOW2、QED、VDI 格式文件的检查。

4. 实验环境

（1）Windows 操作系统环境，安装了 PuTTY 软件；
（2）CentOS 7 操作系统 1 台，安装了 QEMU-KVM。

5. 实验步骤

（1）检查实验环境。

用 PuTTY 软件连接到自己的实验环境上。然后用"ll"命令检查/vm 目录下是否存在虚拟磁盘文件 cirros.qcow2 和 Coreos.qcow2。命令以及执行结果如下所示：

```
[root@localhost vm]# ls /vm/
cirros1.qcow2       cirros-clone.qcow2      cirros.qcow2       Coreos.qcow2
guest_images  lost+found  test11.qcow2  test1.qcow2  test2.qcow2  test3.qcow2
```

（2）镜像文件格式装换。
①创建 QCOW2 镜像文件。

在本步骤中，首先切换到/vm 目录，使用"qemu-img"命令创建一个名为 demo.qcow2、大小为 1GB 的 QCOW2 镜像文件。命令以及执行结果如下所示：

```
[root@localhost vm]# qemu-img create -f qcow2 demo.qcow2 1G
  Formatting  'demo.qcow2',  fmt=qcow2  size=1073741824  encryption=off
cluster_size=65536 lazy_refcounts=off
```

查看刚刚创建的 QCOW2 的镜像信息，可以看到，demo.qcow2 虚拟磁盘大小为 1GB，实际占用空间为 196KB。命令以及执行结果如下所示：

```
[root@localhost vm]# qemu-img info demo.qcow2
image: demo.qcow2
file format: qcow2
virtual size: 1.0G (1073741824 bytes)
disk size: 196K
cluster_size: 65536
Format specific information:
    compat: 1.1
    lazy refcounts: false
```

②QCOW2 转 RAW。

在本步骤中，将 QCOW2 格式的 demo.qcow2 镜像文件转换为 RAW 格式的 demo.raw，然后用 "qemu-img info" 命令查看转换后的镜像文件。命令以及执行结果如下所示：

```
[root@localhost vm]# cd /vm
[root@localhost vm]# qemu-img convert -f qcow2 demo.qcow2 -O raw demo.raw
[root@localhost vm]# qemu-img info demo.raw
image: demo.raw
file format: raw
virtual size: 1.0G (1073741824 bytes)
disk size: 0
```

③RAW 转 QCOW2。

首先创建名为 demoraw.raw、格式为 RAW 的镜像文件，大小为 1GB，然后查看镜像文件的信息，可以看到，成功创建了一个名为 demoraw.raw 的 RAW 格式的镜像文件。命令以及执行结果如下：

```
[root@localhost vm]# qemu-img create -f raw demoraw.raw 1G
Formatting 'demoraw.raw', fmt=raw size=1073741824
[root@localhost vm]# qemu-img info demoraw.raw
image: demoraw.raw
file format: raw
virtual size: 1.0G (1073741824 bytes)
disk size: 0
```

然后将 RAW 格式的 demoraw.raw 镜像文件转换为 QCOW2 格式的 demoq.qcow2，用 "qemu-img info" 命令查看转换后的镜像文件。命令以及执行结果如下：

```
[root@localhost vm]# qemu-img convert -f raw demoraw.raw -O qcow2 demoq.qcow2
[root@localhost vm]# qemu-img info demoq.qcow2
image: demoq.qcow2
file format: qcow2
virtual size: 1.0G (1073741824 bytes)
disk size: 196K
```

```
cluster_size: 65536
Format specific information:
    compat: 1.1
    lazy refcounts: false
```

（3）改变磁盘文件大小。

①创建 QCOW2 和 RAW 格式的镜像文件。

在本步骤中，首先创建后面实验所需的 QCOW2 格式和 RAW 格式的镜像文件，分别命名为 t11.qcow2 和 t12.img，大小均为 1GB。命令以及执行结果如下所示：

```
[root@localhost vm]# qemu-img create -f qcow2 t11.qcow2 1G
Formatting 't11.qcow2', fmt=qcow2 size=1073741824 encryption=off
cluster_size=65536 lazy_refcounts=off
[root@localhost vm]# qemu-img create -f raw t12.img 1G
Formatting 't12.img', fmt=raw size=1073741824
```

然后查看刚刚创建的镜像文件的信息。命令以及执行结果如下所示：

```
[root@localhost vm]# qemu-img info t11.qcow2
image: t11.qcow2
file format: qcow2
virtual size: 1.0G (1073741824 bytes)
disk size: 196K
cluster_size: 65536
Format specific information:
    compat: 1.1
    lazy refcounts: false
[root@localhost vm]# qemu-img info t12.img
image: t12.img
file format: raw
virtual size: 1.0G (1073741824 bytes)
disk size: 0
```

②增大磁盘镜像大小。

在本步骤中，使用"resize"命令分别为 t11.qcow2 和 t12.img 镜像文件添加 1GB 的空间。命令以及执行结果如下所示：

```
[root@localhost vm]# qemu-img resize t11.qcow2 +1G
Image resized.
[root@localhost vm]# qemu-img resize t12.img +1G
Image resized.
```

修改完磁盘镜像空间之后，查看 t11.qcow2 和 t12.img 的镜像文件信息，可以看到，两个镜像文件的大小都被调整为 2GB。命令以及执行结果如下所示：

```
[root@localhost vm]# qemu-img info t11.qcow2
image: t11.qcow2
file format: qcow2
virtual size: 2.0G (2147483648 bytes)
disk size: 200K
cluster_size: 65536
Format specific information:
    compat: 1.1
    lazy refcounts: false
[root@localhost vm]# qemu-img info t12.img
image: t12.img
file format: raw
```

```
virtual size: 2.0G (2147483648 bytes)
disk size: 0
```

③减少镜像大小。

从下面的提示信息中，可以看到 QCOW2 格式的镜像文件并不支持缩减磁盘大小。

```
qemu-img: qcow2 doesn't support shrinking images yet
qemu-img: This image does not support resize
```

所以，在本步骤中使用"resize"命令来缩减 t12.raw 的文件大小，将文件大小缩减到 1GB。命令以及执行结果如下所示：

```
[root@localhost vm]# qemu-img resize t12.img -1G
Image resized.
```

通过查看镜像信息可以知道，文件的大小已经改为 1GB。命令以及执行结果如下所示：

```
[root@localhost vm]# qemu-img info t12.img
image: t12.img
file format: raw
virtual size: 1.0G (1073741824 bytes)
disk size: 0
```

（4）检查镜像文件的一致性。

下面利用"check"命令来检查 cirros.qcow2 文件的一致性。命令以及执行结果如下所示：

```
[root@localhost vm]# qemu-img check cirros.qcow2
No errors were found on the image.
4355/17088 = 25.49% allocated, 5.53% fragmented, 2.18% compressed clusters
Image end offset: 284426240
```

第8章

KVM 中镜像及快照的管理

8.1 实验 增量镜像合并

1．实验目的

（1）掌握创建增量镜像的方法；
（2）掌握通过增量镜像启动虚拟机的方法；
（3）掌握合并增量镜像的方法。

2．实验内容

（1）修改镜像，创建所需虚拟机；
（2）创建增量镜像并通过增量镜像开启虚拟机；
（3）合并增量镜像。

3．实验原理

（1）创建虚拟机的普遍做法是：为虚拟机指定一个已安装操作系统的镜像，然后通过虚拟化平台进行加载。在同一个物理主机上运行多个功能完全一样的虚拟机时，完全复制上述已有的镜像，得到多个功能相同但相互独立的镜像，从而达到运行多个虚拟机的目的。

（2）采用上述方案创建虚拟机会产生如下问题：对于大规模的虚拟化节点的情况，每个虚拟机都存在相同的镜像，此时用于存储虚拟机镜像文件的存储空间将变得非常庞大。而且，由于每次创建虚拟机都需要对已有镜像文件进行完全复制，导致创建虚拟机的效率低下。

（3）针对上述方案的不足，本实验首先基于虚拟机模板对应的基础镜像文件生成一个内容为空的增量镜像文件，然后使用该增量镜像文件启动虚拟机。在虚拟机运行过程中，虚拟机对数据的最新修改都会保存在增量镜像文件中。

4．实验环境

（1）Windows 操作系统环境，安装了 PuTTY、WinSCP 软件；
（2）CentOS 7 操作系统 1 台，安装了 QEMU-KVM、gnome-desktop、virtualization-client、virt-manager；
（3）准备 cirros-0.4.0-x86_64-disk.img 镜像文件。

5．实验步骤

（1）实验环境准备。

在实验开始之前，首先需要查看实验环境是否正确，通过命令行检查/vm 目录下是否有 cirros.qcow2 文件。cirros.qcow2 为 Linux 的测试用镜像文件。命令以及执行结果如下所示：

```
[root@KVM ~]# ll /vm
total 1950816
-rw-r--r--. 1 qemu qemu 29360128 Jul 28 23:12 cirros.qcow2
drwx------. 2 root root    16384 Jul 28 06:29 lost+found
```

如果没有该文件，可以把 cirros-0.4.0-x86_64-disk.img 文件的名字修改为 cirros.qcow2 后使用。

（2）创建增量镜像。

查看/vm/cirros.qcow2 镜像文件，可以看到 cirros.qcow2 实际占用磁盘空间为 12MB，虚拟磁盘大小为 1GB。命令以及执行结果如下所示：

```
[root@KVM ~]# cd /vm
[root@KVM vm]# qemu-img info cirros.qcow2
image: cirros.qcow2
file format: qcow2
virtual size: 1.0G (1073741824 bytes)
disk size: 12M
cluster_size: 65536
[root@KVM vm]# du -h cirros.qcow2
12M    cirros.qcow2
```

接下来创建增量镜像。创建以/vm/cirros.qcow2 为后备镜像的增量镜像 cirros1.qcow2，通过查看创建的后备镜像信息可以看到，实际占用磁盘空间为 12MB，后备镜像的名称为 cirros.qcow2。命令以及执行结果如下所示：

```
[root@KVM vm]# qemu-img create -b cirros.qcow2 -f qcow2 cirros1.qcow2
Formatting          'cirros1.qcow2',        fmt=qcow2        size=1119879168
backing_file='cirros.qcow2'        encryption=off        cluster_size=65536
lazy_refcounts=off [root@KVM vm]# qemu-img info cirros1.qcow2

image: cirros1.qcow2
file format: qcow2
virtual size: 1.0G (1119879168 bytes)
disk size: 12M
cluster_size: 65536
backing file: cirros.qcow2
```

（3）通过后备镜像启动虚拟机。

①创建配置文件。

在本步骤中，通过复制 cirros 的配置文件来创建 cirros1 的配置文件。命令以及执行结果如下所示（首先要有 cirros 虚拟机）：

```
[root@KVM   vm]#   cp   /etc/libvirt/qemu/cirros.xml   /etc/libvirt/qemu/
cirros1.xml
```

②修改配置文件。

紧接着修改 cirros1 的配置文件中的相关参数，使其不与已存在的虚拟机冲突，并且指向正确的磁盘文件。命令以及执行结果如下所示：

```
[root@KVM vm]# vi /etc/libvirt/qemu/cirros1.xml
<name>cirros1</name>        #修改 cirros 为 cirros1
  <uuid>24e08168-a205-4026-bd82-13165bda9e2d</uuid> #修改原 uuid,只要和已存
在的 uuid 不同即可
  <----------------------------- 中 间 省 略 十 几 行 ---------------------
------------>
<disk type='file' device='disk'>
      <driver name='qemu' type='qcow2'/>
      <source file='/vm/cirros1.qcow2'/>      #修改磁盘的路径为/vm/cirros1.qcow2
      <target dev='vda' bus='Virtio'/>
```

③注册、启动虚拟机。

接下来通过 cirros1 的配置文件来注册虚拟机,注册完成后,通过"virsh start"命令来启动 cirros1 虚拟机,看到"Domain cirros1 started"提示信息即为启动成功。命令以及执行结果如下所示:

```
[root@KVM vm]# virsh define /etc/libvirt/qemu/cirros1.xml
Domain cirros1 defined from /etc/libvirt/qemu/cirros1.xml
[root@KVM vm]# virsh start cirros1
Domain cirros1 started
```

(4)将增量镜像与后备镜像合并。

①在虚拟机里添加文件。

在本步骤中,为了研究用增量镜像启动虚拟机后修改部分是保存在哪个镜像里面,所以需要先在虚拟机 cirros1 里面用"dd"命令创建一个 200MB 的文件,然后关闭 cirros1 虚拟机。命令以及执行结果如下所示:

```
 [root@KVM vm]# virt-manager      #启动图形化界面,连接到虚拟机终端,可以参考用
virt-manager 管理虚拟机
 [root@localhost ~]# dd if=/dev/zero of=test bs=1M count=200      #磁盘命令在
虚拟机内执行
 200+0 records in
 200+0 records out
  [root@localhost ~]#sudo poweroff  #关闭虚拟机
```

②查看镜像信息。

然后查看后备镜像和增量镜像信息,可以看到,增量镜像的大小增加了 200MB,后备镜像大小没有改变了。命令以及执行结果如下所示:

```
[root@KVM vm]# qemu-img info cirros1.qcow2
image: cirros1.qcow2
file format: qcow2
virtual size: 1.0G (1119879168 bytes)
disk size: 206M
cluster_size: 65536

backing file: cirros.qcow2
[root@KVM vm]# qemu-img info cirros.qcow2
image: cirros.qcow2
file format: qcow2
virtual size: 1.0G (1119879168 bytes)
disk size: 70M
cluster_size: 65536
```

③合并镜像文件。

返回 KVM 终端，把增量镜像和后备镜像合并，然后查看合并后的 cirros 的信息，可以发现，后备镜像的大小增加了 200MB。命令以及执行结果如下所示：

```
 [root@KVM vm]# qemu-img commit cirros1.qcow2
Image committed.
[root@KVM vm]# qemu-img info cirros.qcow2
image: cirros.qcow2
file format: qcow2
virtual size: 1G (1119879168 bytes)
disk size: 271M
cluster_size: 65536
```

8.2　实验　QCOW2 镜像加密

1．实验目的

（1）掌握加密镜像的方法；
（2）掌握通过加密的镜像启动虚拟机的方法。

2．实验内容

（1）创建所需虚拟机；
（2）加密 QCOW2 镜像；
（3）通过加密的镜像启动虚拟机。

3．实验原理

前已述及（详见 6.3.2 小节），AES 即高级加密标准（Advanced Encryption Standard），是美国联邦政府采用的一种区块加密标准，已成为对称密钥加密中最流行的算法之一。

4．实验环境

（1）Windows 操作系统环境，安装了 PuTTY 软件、WinSCP 软件；
（2）CentOS 7 操作系统 1 台，安装了 QEMU-KVM、gnome-desktop、virtualization-client、virt-manager；
（3）准备 cirros-0.4.0-x86_64-disk.img 镜像文件。

5．实验步骤

（1）实验环境准备。
在实验开始之前，首先需要查看实验环境是否正确，通过命令行检查/vm 目录下是否有文件 cirros.qcow2，cirros.qcow2 为 cirros 测试镜像。命令执行及结果如下所示：

```
[root@localhost vm]# ll /vm/
total 532500
-rw-r--r--. 1 root root  215744512 Jul 28 23:51 cirros1.qcow2
-rw-r--r--. 1 root root   42270720 Aug  8 09:25 cirros-clone.qcow2
-rw-r--r--. 1 qemu qemu  284426240 Aug  8 09:24 cirros.qcow2
-rw-r--r--. 1 root root 1074135040 Aug 11 04:38 test3.qcow2
```

```
·················#其他的忽略，本实验没有使用到
```

（2）创建加密的镜像文件。

在本步骤中，使用"qemu-img"命令来加密/vm 下的 cirros.qcow2 镜像文件，加密后的镜像名为 cirrosa.qcow2，加密过程中要求输入加密的密码，本例使用的加密密码为"123456"。命令以及执行结果如下所示：

```
[root@localhost vm]# cd /vm
[root@localhost vm]# qemu-img convert -f qcow2 cirros.qcow2 -O qcow2 -o
encryption cirrosa.qcow2
Disk image 'cirrosa.qcow2' is encrypted.
password:              //输入本次使用的密码123456
```

使用"ll"命令查看当前目录下的文件信息，查看生成的加密后的镜像信息，可以看到，镜像已经被加密。命令以及执行结果如下所示：

```
[root@localhost vm]# ll cirrosa.qcow2
-rw-r--r--. 1 root root 42270720 Aug 11 09:28 cirrosa.qcow2
[root@localhost vm]# qemu-img info cirrosa.qcow2
image: cirrosa.qcow2
file format: qcow2
virtual size: 1.0G (1119879168 bytes)
disk size: 40M
encrypted: yes              //本行为 yes，代表已经加密
cluster_size: 65536
Format specific information:
    compat: 1.1
    lazy refcounts: false
```

（3）通过加密的镜像启动虚拟机。

首先创建密钥文件。需要用"vi"命令在本地创建一个名为 secret.xml 的密钥 XML 文件。命令以及文件内容如下所示，输入以下内容后保存并退出。

```
[root@localhost vm]# vi secret.xml
<secret ephemeral='no' private='yes'>
</secret>
```

然后通过生成一串随机的 ID 值来确定密钥的唯一性。命令以及执行结果如下所示：

```
[root@localhost vm]# virsh secret-define secret.xml
Secret e1fae2cb-e225-474b-b5f3-b4bdacecb41c created
```

为修改密钥创建密码，本例中的密码为"123456"，即上一步加密镜像时创建的密码，这两个密码要保持一致，否则虚拟机会因为密钥验证不通过导致无法启动，命令中的 ID 值要替换为自己实验环境中生成的 ID 值。命令以及执行结果如下所示：

```
[root@localhost vm]# MYSECRET=`printf %s "123456" | base64`
[root@localhost vm]# echo $MYSECRET
MTIzNDU2
[root@localhost vm]# virsh secret-set-value e1fae2cb-e225-474b-b5f3-
b4bdacecb41c $MYSECRET
Secret value set
```

（4）修改 cirros 的配置文件。

使其磁盘指向加密过的镜像，并配置密钥信息，使得虚拟机能正确地解密磁盘并使用磁盘。命令以及执行结果如下所示：

```
[root@localhost vm]# virsh edit cirros
   30  <devices>
   31    <emulator>/usr/libexec/QEMU-KVM</emulator>
   32    <disk type='file' device='disk'>
   33      <driver name='qemu' type='qcow2'/>
   34      <source file='/vm/cirrosa.qcow2'/> //修改为加密后的镜像
//在 34 行下面也就是 disk 标签下面添加秘钥, 加上如下三行
       <encryption format='qcow'>
       <secret        type='passphrase'       uuid='e1fae2cb-e225-474b-b5f3-
b4bdacecb41c'/>   //uuid 为上文中 virsh secret-define secret.xml 生成
       </encryption>
```

如果该步骤报错如下：

```
 error: Cannot check QEMU binary /usr/libexec/QEMU-KVM: No such file or
directory
```

由于没有 QEMU-KVM 可执行文件，使用"yum install QEMU-KVM"命令安装即可。

启动 cirros 虚拟机，检测配置是否正确，看到虚拟机正常启动后即为成功加密并开启虚拟机。命令以及执行结果如下所示：

```
[root@localhost vm]# virsh start cirros
Domain cirros started
```

8.3　KVM 中的快照

8.3.1　KVM 快照的概念

　　KVM 快照的定义：快照可以把虚拟机某个时间点的内存、磁盘文件等的状态保存为一个镜像文件，通过这个镜像文件，可以在以后的任何时间来恢复虚拟机创建快照时的状态。这个功能在使用虚拟机做测试的时候很有用。

　　在 KVM 中，快照是整个系统在某个时间点上的状态。它储存了系统映象，让虚拟机在出现问题时，可以快速恢复到未出问题前的状况，如图 8.1 所示。

　　在一个运行着的系统上，一个磁盘快照很可能只是崩溃一致的（crash-consistent），而不是完整一致的（clean），也就是说它所保存的磁盘状态可能相当于机器突然掉电时硬盘数据的状态，机器重启后需要通过 fsck 或者别的工具来恢复到完整一致的状态（类似于 Windows 系统在断电后会执行文件检查）。（注：命令"qemu-img check -f qcow2 --output=qcow2 -r all filename-img.qcow2"可以对 QCOW2 和 VID 格式的镜像做一致性检查。）

　　对一个非运行中的虚拟机来说，如果上次虚拟机关闭时磁盘是完整一致的，那么其被快照的磁盘快照也将是完整一致的。

　　关于崩溃一致的附加说明如下：

　　（1）应该尽量避免在虚拟机 I/O 繁忙的时候做快照，这种时候做快照不是可取的办法；

　　（2）WMware 的做法是装一个工具（tools），它是个 PV 驱动程序，可以在做快照的时候挂起系统；

　　（3）KVM 也有类似的实现 QEMU 客户机代理。

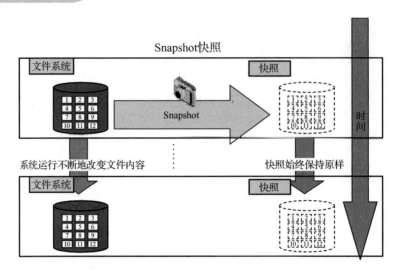

图 8.1 快照的工作过程

8.3.2 快照的分类

1. 快照分类

（1）磁盘快照：磁盘的内容（可能是虚拟机的全部磁盘或者部分磁盘）在某个时间点上被保存，然后可以被恢复。

（2）内存状态（或者虚拟机状态）：只是保持内存和虚拟机使用的其他资源的状态。如果虚拟机状态快照在做快照和恢复之间磁盘没有被修改，那么虚拟机将保持一个持续的状态；如果被修改了，那么很可能导致数据出错。

（3）系统还原点（System Checkpoint）：虚拟机的所有磁盘快照和内存状态快照的集合，可用于恢复完整的系统状态（类似于系统休眠）。

快照分类如图 8.2 所示。

图 8.2 快照分类

2. 磁盘快照分类

（1）内部快照：使用单个的 QCOW2 文件来保存快照和快照之后的改动。这种快照是 libvirt 的默认行为，现在的支持很完善（创建、回滚和删除），但是只能针对 QCOW2 格式的磁盘镜像文件，而且其过程较慢。

（2）外部快照：是一个只读文件，快照之后的修改是另一个 QCOW2 文件。外部快照可以针对各种格式的磁盘镜像文件。外部快照的结果是形成一个 QCOW2 文件链：original←snap1←snap2←snap3，如图 8.3 所示。

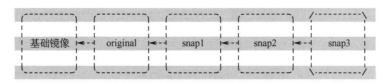

图 8.3　外部快照文件链

3. 快照的其他分类

包括热快照（Live Snapshot）和冷快照（Cold Snapshot）。

（1）热快照：系统运行状态下的快照。

（2）冷快照：系统停止状态下的快照。

8.3.3 KVM 的使用

可以使用"virsh"命令创建快照，也可以使用 virt-manager 来创建。virsh 关于快照的命令如图 8.4 所示。

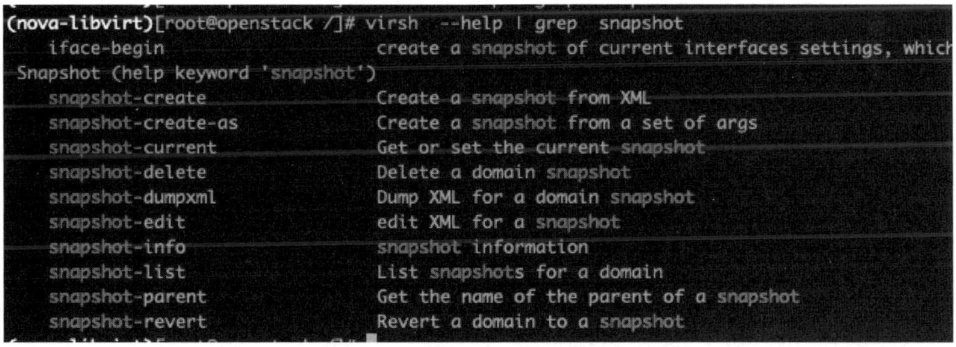

```
(nova-libvirt)[root@openstack /]# virsh  --help | grep  snapshot
    iface-begin           create a snapshot of current interfaces settings, which
Snapshot (help keyword 'snapshot')
    snapshot-create       Create a snapshot from XML
    snapshot-create-as    Create a snapshot from a set of args
    snapshot-current      Get or set the current snapshot
    snapshot-delete       Delete a domain snapshot
    snapshot-dumpxml      Dump XML for a domain snapshot
    snapshot-edit         edit XML for a snapshot
    snapshot-info         snapshot information
    snapshot-list         List snapshots for a domain
    snapshot-parent       Get the name of the parent of a snapshot
    snapshot-revert       Revert a domain to a snapshot
```

图 8.4　virsh 关于快照的命令

常用的命令介绍如下。

1. 创建快照

"virsh snapshot-create-as"命令的帮助信息如下所示：

```
[root@openstack /]# virsh help  snapshot-create-as
  NAME
    snapshot-create-as - Create a snapshot from a set of args

  SYNOPSIS
    snapshot-create-as <domain> [--name <string>] [--description <string>]
[--print-xml]  [--no-metadata]  [--halt]  [--disk-only]  [--reuse-external]
[--quiesce] [--atomic] [--live] [--memspec <string>] [[--diskspec] <string>]...

  DESCRIPTION
    Create a snapshot (disk and RAM) from arguments

  OPTIONS
    [--domain] <string>  domain name, id or uuid
    --name <string>  name of snapshot
    --description <string>  description of snapshot
    --print-xml     print XML document rather than create
    --no-metadata    take snapshot but create no metadata
```

```
    --halt          halt domain after snapshot is created
    --disk-only     capture disk state but not vm state
    --reuse-external  reuse any existing external files
    --quiesce       quiesce guest's file systems
    --atomic        require atomic operation
    --live          take a live snapshot
    --memspec <string> memory attributes: [file=]name[,snapshot=type]
    [--diskspec]    <string>      disk    attributes:  disk[,snapshot=type]
[,driver=type][,file=name]
```

例如：

```
virsh snapshot-create-as centos1 centos1_sn1 centos1_sn1-desc
```

其中，参数对应的 centos1 是虚拟机名字；centos1_sn1 是镜像名字；centos1_sn1-desc 是快照描述。

2. 查看虚拟机的所有快照

"virsh snapshot-list"命令的具体参数如下所示：

```
root@openstack /]# virsh  help snapshot-list
  NAME
    snapshot-list - List snapshots for a domain

  SYNOPSIS
    snapshot-list <domain> [--parent] [--roots] [--leaves] [--no-leaves]
[--metadata] [--no-metadata] [--inactive] [--active] [--disk-only] [--internal]
[--external] [--tree] [--from <string>] [--current] [--descendants] [--name]

  DESCRIPTION
    Snapshot List

  OPTIONS
    [--domain] <string> domain name, id or uuid
    --parent        add a column showing parent snapshot
    --roots         list only snapshots without parents
    --leaves        list only snapshots without children
    --no-leaves     list only snapshots that are not leaves (with children)
    --metadata      list only snapshots that have metadata that would prevent
undefine
    --no-metadata   list only snapshots that have no metadata managed by
libvirt
    --inactive      filter by snapshots taken while inactive
    --active            filter by snapshots taken while active (system
checkpoints)
    --disk-only     filter by disk-only snapshots
    --internal      filter by internal snapshots
    --external      filter by external snapshots
    --tree          list snapshots in a tree
    --from <string> limit list to children of given snapshot
    --current       limit list to children of current snapshot
    --descendants   with --from, list all descendants
    --name          list snapshot names only
```

可以看到，除了"domain"是必选参数，其他的都是可选参数，
例如：

```
virsh snapshot-list centos1
```

3. 快照回滚命令

"virsh snapshot-revert"命令的帮助信息如下所示：

```
[root@openstack /]# virsh  help snapshot-revert
  NAME
    snapshot-revert - Revert a domain to a snapshot

  SYNOPSIS
    snapshot-revert  <domain>  [--snapshotname  <string>]  [--current]
[--running] [--paused] [--force]

  DESCRIPTION
    Revert domain to snapshot

  OPTIONS
    [--domain] <string> domain name, id or uuid
    --snapshotname <string>  snapshot name
    --current          revert to current snapshot
    --running          after reverting, change state to running
    --paused           after reverting, change state to paused
    --force            try harder on risky reverts
```

其中，domain 是必填参数，但是"--current"和"--snapshotname"参数二选一，一般使用"--snapshotname"参数（命令行的第二个参数就是 snapshotname）。

例如：

```
virsh snapshot-revert --domain centos1 centos1_sn1
```

4. 快照删除命令

"virsh snapshot-delete"命令的帮助信息如下所示：

```
[root@openstack /]# virsh  help snapshot-delete
  NAME
    snapshot-delete - Delete a domain snapshot

  SYNOPSIS
    snapshot-delete  <domain>  [--snapshotname  <string>]  [--current]
[--children] [--children-only] [--metadata]

  DESCRIPTION
    Snapshot Delete

  OPTIONS
    [--domain] <string> domain name, id or uuid
    --snapshotname <string>  snapshot name
    --current          delete current snapshot
    --children         delete snapshot and all children
    --children-only  delete children but not snapshot
    --metadata         delete only libvirt metadata, leaving snapshot contents
behind
```

需要"domain"参数，以及"--snapshotname"或者"--current"二选一，一般使用"--snapshotname"。

例如：

```
virsh snapshot-delete centos1 centos1_sn1
```

当然，也可以使用 virt-manager 来管理快照，如图 8.5 所示。

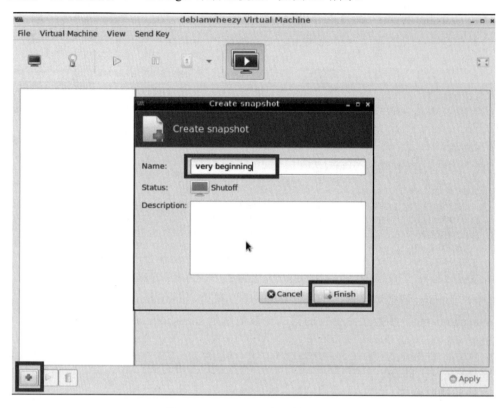

图 8.5　virt-manager 创建快照界面

8.3.4 KVM 快照的关系

KVM 在时间顺序上，后一个快照是以前一个快照为基础创建的，仅仅记录改变的部分（如图 8.6 所示）。KVM 快照保存在镜像文件中，因此，创建快照会使镜像文件实际占用的磁盘空间变大。

图 8.6　KVM 快照关系

KVM 快照在逻辑关系上成树形关系，如果某个快照依赖的快照被删除，那么它依赖的快照会自动换成前一个镜像。如图 8.7 所示。

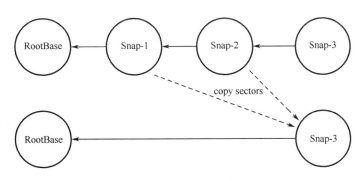

图 8.7　快照链关系

8.3.5 虚拟机的快照链介绍

虚拟机快照保存了虚拟机在某个指定时间点的状态（包括操作系统和所有的程序），利用快照，可以恢复虚拟机到某个以前的状态，例如测试软件的时候经常需要回滚系统。

快照链就是多个快照组成的关系链，这些快照按照创建时间排列成链，如图 8.8 所示。

基础镜像←虚拟机1←快照1←快照2←快照3←快照4←当前（active）

图 8.8　虚拟机快照链

快照链实例介绍：

有一个名为 centosbase 的原始镜像（包含完整 OS 和引导程序）作为基础镜像（base-image）。

现在以这个基础镜像为模板创建多个虚拟机，简单的方法是每创建一个虚拟机就把这个镜像完整复制一份，但这种做法效率低下，无法满足生产需要，这时就要用到 QCOW2 镜像的写入时拷贝特性（copy-on-write）。

QCOW2（qemu copy-on-write）格式镜像支持快照功能，具有创建一个基础镜像和在基础镜像后端文件（backing file）基础上创建多个写入时拷贝虚拟机实例镜像（overlay）的能力。

此处有必要解释一下后端文件和虚拟机实例镜像。在如图 8.7 所示快照链中，为基础镜像（RootBase）创建一个虚拟机 Guest1，那么此时基础镜像就是 Guest1 虚拟机的后端文件，Guest1 就是基础镜像的虚拟机实例；同理，为 Guest1 虚拟机创建了一个快照 Snap-1，此时 Guest1 就是 Snap-1 的后端文件，Snap-1 是 Guest1 的虚拟机实例。后端文件和虚拟机实例十分有用，可以快速地创建实例，特别是在开发测试过程中可以快速回滚到之前某个状态，如图 8.9 所示。

以 CentOS 系统来说，制作了一个 QCOW2 格式的虚拟机镜像，想要以它作为模板来创建多个虚拟机实例，有两种方法：一种方法是每新建一个实例，就将 centosbase 模板复制一份，创建速度慢；另一种方法是使用写入时拷贝技术（QCOW2 格式的特性），创建基于模板的实例，创建速度很快。

在图 8.9 中，centos1、centos2、centos3 是基于 centosbase 模板创建的虚拟机（Guest），centos1_sn1、centos1_sn2、centos1_sn3 等是实例 centos1 的快照链。

可以只用一个后端文件（backing files）创建多个虚拟机实例，然后可以对每个虚拟机实例做多个快照。

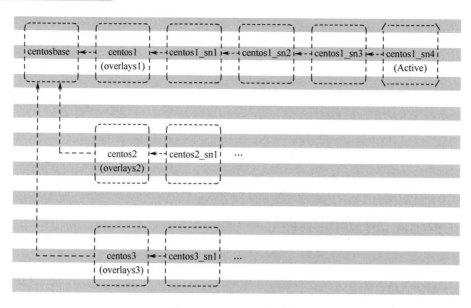

图 8.9　centosbase 快照链

例如，使用"qemu-img"命令创建虚拟机镜像：

```
qemu-img create -b centosbase.qcow2 -f qcow2 centos1.qcow2 20G
qemu-img create -b centosbase.qcow2 -f qcow2 centos2.qcow2 20G
```

现在创建出来的 centos1 和 centos2 都可以用来启动一个虚拟机，因为它们依赖于 backing file，所以这两个磁盘只有几百个字节大小，只有新的文件才会被写入此磁盘，然后在虚拟机上创建自己的快照链。

8.4　实验　用 virt-manager 管理快照

1．实验目的

能够通过 virt-manager 工具管理快照。

2．实验内容

（1）上传镜像并创建实验所需虚拟机；
（2）在客户机中创建一个测试文件，之后创建快照；
（3）删除测试文件，然后恢复快照；
（4）删除快照。

3．实验原理

virt-manager 支持对虚拟机的快照管理，通过创建测试文件，然后创建快照保存此时状态，之后将测试文件删除，再回到之前的状态。通过观察文件的变化来理解快照。

4．实验环境

（1）Windows 操作系统环境，安装了 PuTTY、WinSCP、Xming 软件；

（2）CentOS 7 操作系统 1 台，安装了 QEMU-KVM、gnome-desktop、virtualization–client、virt-manager；

（3）准备 cirros-0.4.0-x86_64-disk.img 镜像文件。

5．实验步骤

（1）创建快照。

用 PuTTY 软件连接自己的实验环境，并准备实验前的环境。

首先用"ll"命令查看/vm 目录下是否存在虚拟机磁盘文件 cirros.qcow2 和 Coreos.qcow2。命令以及执行结果如下；

```
[root@localhost ~]# ls /vm/cirros.qcow2
/vm/cirros.qcow2
[root@localhost ~]# ls /vm/Coreos.qcow2
/vm/Coreos.qcow2
```

然后用"virsh start"命令开启 cirros 虚拟机。命令以及执行结果如下。如果没有虚拟机，或者虚拟机被删除了，那么重新创建一台，使用 cirros.qcow2 镜像。

```
[root@localhost ~]# virsh start cirros
Domain cirros started
```

用"virt-manager"命令启动图形化管理界面，单击"test"按钮，连接虚拟机，输入用户名"cirros"，密码"gocubsgo"，登录虚拟机终端，命令如下所示（执行结果如图 8.10 所示）：

```
[root@localhost ~]# virt-manager
```

图 8.10　登录虚拟机

最后用"touch"命令创建文件 1.txt，用"ll"命令查看是否已经在当前目录创建 1.txt 这个文件，命令如下所示（执行结果如图 8.11 所示）：

```
$ touch 1.txt
$ ls
```

图 8.11　创建文件

（2）创建虚拟机快照。

完成上面的实验环境准备后，开始创建虚拟机快照。首先，单击图 8.12 中箭头所指的按钮进入虚拟机快照管理界面，界面如图 8.13 所示。

图 8.12　虚拟机快照管理

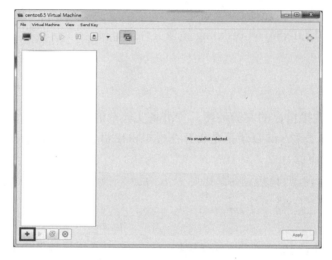

图 8.13　虚拟机快照管理界面

　　单击快照管理界面左下角的 + 按钮，弹出创建快照的界面，在该界面创建一个虚拟机快照，其中，Name 为快照的名字（标签）；Status 为虚拟机状态，也就是当前要被创建的虚拟机状态为运行（Running）；Description 为快照的描述，可以不填写，但在多次使用快照时，为防止遗漏，最好还是写上描述；Screenshot 为当前虚拟机屏幕截图。在本例中，修改虚拟机快照的名字为 1.txt，单击 "Finish" 按钮即可创建一个虚拟机快照，如图 8.14 所示。

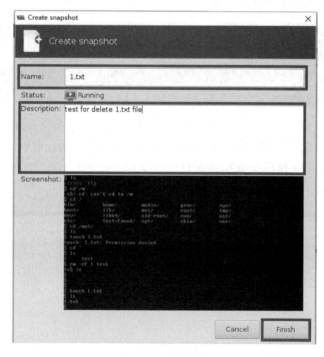

图 8.14　创建快照

返回终端,用"qemu-img snapshot -l"命令检查虚拟机快照是否已经创建。命令以及执行结果如下所示:

```
[root@localhost ~]# qemu-img snapshot -l /vm/cirros.qcow2    //镜像名字可以
通过控制台查看,在 IDE disk 的 source path 里面
Snapshot list:
ID        TAG               VM SIZE                DATE       VM CLOCK
1         1.txt                 83M 2018-08-11 23:21:02   00:08:39.062
```

可以看到,快照大小为 83MB,这里面包含了虚拟机运行时内存中的数据。下面用"qemu-img info"命令来查看当前虚拟磁盘信息。命令以及结果如下所示:

```
[root@localhost ~]# qemu-img info /vm/cirros.qcow2
image: /vm/cirros.qcow2
file format: qcow2
virtual size: 1.0G (1119879168 bytes)
disk size: 354M
cluster_size: 65536
Snapshot list:
ID        TAG               VM SIZE                DATE       VM CLOCK
1         1.txt                 83M 2018-08-11 23:21:02   00:08:39.062
Format specific information:
    compat: 1.1
    lazy refcounts: false
```

由磁盘信息可以知道,当前虚拟磁盘实际占用的空间为 354MB,共有 1 个快照。

(3) 恢复快照状态。

单击快照管理界面的 ▣ 按钮,回到 cirros 虚拟终端,用"rm"命令删除文件 1.txt,用"ll"命令检查是否正确删除。命令以及执行结果如图 8.15 所示。

图 8.15　删除文件

返回快照管理界面,单击 ▷ 按钮,恢复虚拟机快照,单击后会弹出警告信息,询问是否恢复虚拟机快照,如图 8.16 所示,单击"Yes"按钮,即可恢复虚拟机到快照时的状态。

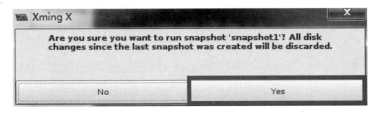

图 8.16　恢复快照

回到 cirros 虚拟终端,可以看到,虚拟机界面已经被恢复到快照时的界面,用"ls"命令查看当前虚拟机~目录下的文件。命令以及执行结果如图 8.17 所示。

图 8.17　查看文件

可以看到文件 1.txt 又存在了，说明已经恢复到快照时的状态。

（4）删除快照。

回到快照管理界面，单击 ⊗ 按钮，会弹出询问是否删除快照的对话框，单击"Yes"按钮，即可删除当前虚拟机快照，如图 8.18 所示。

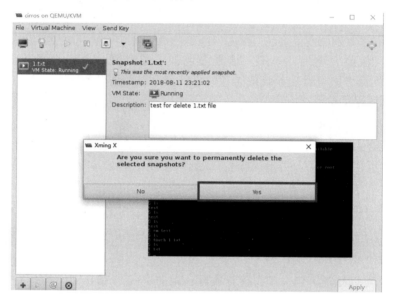

图 8.18　删除快照

第 9 章

KVM 的存储池及其使用

9.1　KVM 虚拟存储技术

9.1.1　存储虚拟化

存储虚拟化（Storage Virtualization）最通俗的理解就是对存储硬件资源进行抽象化表现。通过将一个（或多个）目标（Target）服务或功能与其他附加的功能集成，统一提供有用的全面功能服务。典型的虚拟化包括如下一些情况：屏蔽系统的复杂性，增加或集成新的功能，仿真、整合或分解现有的服务功能等。虚拟化是作用在一个或者多个实体上的，而这些实体则是用来提供存储资源和服务的。

存储虚拟化作为计算机科学领域的一个术语，就是利用虚拟化技术，让有限的存储设备可以发挥更多的使用效益。所谓储存虚拟化，是和云时代背景下的分布式环境密不可分的。其目的就是在一个庞大的分布式服务器集群中，对分布在不同服务器主机上的海量数据有效地进行各种处理。

将存储资源虚拟成一个"存储池"，这样做的好处是把许多零散的存储资源整合起来，从而提高整体利用率，同时降低系统管理成本，如图 9.1 所示。

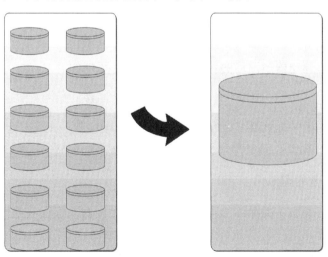

图 9.1　存储虚拟化

9.1.2 实现虚拟存储的三种方法

1. 基于主机的虚拟存储

基于主机的虚拟化需要在主机上运行其他软件，作为特权任务或进程。在某些情况下，卷管理内置于操作系统中；而在其他情况下，它作为单独的产品提供。呈现给主机系统的卷（LUN）由传统的物理设备驱动程序处理。但是，磁盘设备驱动程序上方的软件层（卷管理器）会拦截 I/O 请求，并提供元数据查找和 I/O 映射。

大多数现代操作系统都内置了某种形式的逻辑卷管理（在 Linux 中称为逻辑卷管理器或 LVM，在 Windows 中称为逻辑磁盘管理器或 LDM），用于执行虚拟化任务。

注意：基于主机的卷管理器在创建术语存储虚拟化之前很久就已投入使用。如图 9.2 所示。

图 9.2　LVM

优点：

（1）设计和编码简单；

（2）支持任何存储类型；

（3）无须精简配置限制即可提高存储利用率。

缺点：

（1）存储利用率仅针对每个主机进行优化；

（2）复制和数据迁移只能在本地到该主机；

（3）软件是每个操作系统所独有的；

（4）没有简单的方法可以使主机实例与其他实例保持同步；

（5）服务器磁盘驱动器崩溃后的传统数据恢复是不可能的。

具体实例：

（1）逻辑卷管理；

（2）文件系统，例如硬链接、SMB/NFS；

（3）自动安装，例如 autofs。

2. 基于存储设备的虚拟化

主存储控制器提供服务并允许直接连接其他存储控制器。根据实施情况，这些可能来自相同或不同的供应商。

主控制器将提供池化和元数据管理服务，还可以跨这些控制器提供复制和迁移服务。

与基于主机的虚拟化一样，基于存储设备的虚拟化的多个类别已存在多年，并且最近才被归类为虚拟化。简单的数据存储设备（如单个硬盘驱动器）不提供任何虚拟化。但即使是最简单的磁盘阵列也提供逻辑到物理抽象,因为它们使用 RAID 方案将多个磁盘连接在一个阵列中(以后可能将阵列划分为更小的卷)。

高级磁盘阵列通常具有克隆、快照和远程复制功能。通常,这些设备不提供跨异构存储的数据迁移或复制,因为每个供应商倾向于使用自己的专有协议。

新型磁盘阵列控制器允许其他存储设备的下游连接。此处将仅讨论实际虚拟化其他存储设备的后续样式。设备如图 9.3 所示。

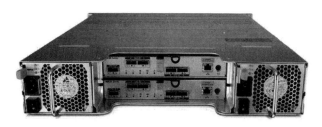

图 9.3　存储设备

优点:

(1)没有其他硬件或基础设施要求;

(2)提供存储虚拟化的大部分优势;

(3)不会增加个别 I/O 的延迟。

缺点:

(1)仅在连接的控制器上优化存储利用率;

(2)只能通过连接的控制器和相同的供应商设备进行复制和数据迁移,以实现远程支持;

(3)下游控制器附件仅限于供应商支持矩阵;

(4)I/O 延迟,非高速缓存命中要求主存储控制器发出辅助下游 I/O 请求;

(5)存储基础架构资源增加,主存储控制器需要与辅助存储控制器相同的带宽来维持相同的吞吐量。

3.基于网络的虚拟存储

存储虚拟化在基于网络的设备(通常是标准服务器或智能交换机)上运行,并使用 iSCSI 或 FC 光纤通道网络作为 SAN 进行连接。这些类型的设备是最常用和实现的虚拟化形式。

虚拟化设备位于 SAN 中,并在执行 I/O 的主机和提供存储容量的存储控制器之间提供抽象层。具体有下面几种方式:

(1)基于互联设备的虚拟化。

基于互联设备的方法如果是对称的,那么控制信息和数据走在同一条通道上;如果是不对称的,控制信息和数据走在不同的路径上。在对称的方式下,互联设备可能成为瓶颈,但是多重设备管理和负载平衡机制可以减缓瓶颈。同时,多重设备管理环境中,当一个设备发生故障时,也比较容易支持服务器实现故障接替。但是,这将产生多个 SAN 孤岛,因为一个设备仅控制与其连接的存储系统。非对称式虚拟存储比对称式更具有可扩展性,因为数据和控制信息的路径是分离的。

基于互联设备的虚拟化方法能够在专用服务器上运行,使用标准操作系统,例如 Windows、Sun Solaris、Linux 或供应商提供的操作系统。这种方法运行在标准操作系统中,具有基于主机方法的诸多优势——易使用、设备便宜。许多基于设备的虚拟化提供商也提供附加的功能模块来改善系统的整体性能，能够获得比标准操作系统更好的性能和更完善的功能，但需要更高的硬件成本。

但是，基于设备的方法也继承了基于主机虚拟化方法的一些缺陷，因为它仍然需要一个运行在主机上的代理软件或基于主机的适配器，任何主机的故障或不适当的主机配置都可能导致访问到未保护的数据。同时，在异构操作系统间的互操作性仍然是一个问题。

（2）基于路由器的虚拟化。

基于路由器的方法是在路由器固件上实现存储虚拟化功能。供应商通常也提供运行在主机上的附加软件来进一步增强存储管理能力。在此方法中，路由器被放置于每个主机到存储网络的数据通道中，用来截取网络中任何一个从主机到存储系统的命令。由于路由器潜在地为每一台主机服务，大多数控制模块存在于路由器的固件中，相对于基于主机和大多数基于互联设备的方法，这种方法的性能更好、效果更佳。由于不依赖于在每个主机上运行的代理服务器，这种方法比基于主机或基于设备的方法具有更好的安全性。当连接主机到存储网络的路由器出现故障时，仍然可能导致主机上的数据不能被访问。但是只有连接于故障路由器的主机才会受到影响，其他主机仍然可以通过其他路由器访问存储系统。路由器的冗余可以支持动态多路径，这也为上述故障问题提供了一个解决方法。由于路由器经常作为协议转换的桥梁，基于路由器的方法也可以在异构操作系统和多供应商存储环境之间提供互操作性。

9.1.3　存储虚拟化面临的问题

存储虚拟化是一个热门话题，市场上也出现了各种架构以及各种类型的虚拟化产品。据统计，存储数据量的年增长率达 50%～60%。面对新的应用，以及不断增加的存储容量，企业用户需要借用虚拟技术来降低管理的复杂性并提高效率。但是随着存储技术的发展，用户对于数据的需求增加，为什么存储虚拟化技术没有完全普及呢？

存储虚拟化技术最受关注的问题是数据安全问题。因为虚拟存储把所有数据都放在了一个系统环境下，这就相当于把鸡蛋都放在一个篮子里，篮子一旦被打翻，所有鸡蛋都会损失。这无疑加大了数据的风险，在安全投资上也要相应加大。

存储虚拟化技术的第二个问题是技术成熟度。它需要专门的元数据管理和资源管理设备，这些设备需要通过冗余保证其可用性，这会增加系统的复杂性和系统的总拥有成本；并且，不同性能、不同结构的存储设备位于同一个存储池，无法充分发挥各自的优势，性能较差的部件反而会制约整个系统的性能。而独立于厂家和设备的存储虚拟化技术可能仍需要许多的努力才能实现。现状是，存储虚拟化产品确实已经得到了具体的应用，但目前尚无一种方案可以满足不同客户的需求。在较短的时期内，存储虚拟化可能只是局限于个别功能的应用，用户仍很难选择合适的方法来满足特定的需求。用户采用存储虚拟化技术时仍需认真仔细地考虑，并进行实际应用测试。

存储虚拟化的第三个问题在于忽视了我国庞大的中小企业需求。目前的虚拟存储技术大部分都是专注于高端用户的，这些用户存储系统庞大，不仅设备多，所采用的软件也很复杂，在这种情况下，虚拟存储技术可以带来管理、成本上的诸多优势。但是目前我国中小企业已经成为企业市场的主力军，中小企业用户对虚拟存储技术需求不高，使该技术的发展变得缓慢了。

存储虚拟化的第四个问题就是价格，这也正是由于专注于高端市场带来的弊端。对于多数的中小企业用户面临存储空间不足，直接购买大容量硬盘来解决存储上的问题，即使在存储空间上有所浪费，但相比使用虚拟化存储架构，大容量的硬盘还是比较划算的。此外，中小企业存储系统不复杂，管理起来也没有太大难度，这些都导致虚拟存储技术在普及上存在着一定的困难。

9.1.4　KVM 与虚拟存储

为了将不同的后端存储设备以统一的接口提供给虚拟机使用，libvirt 将存储管理分为两个方面：存储卷（volume）和存储池（pool）。

存储卷是一种可以分配给虚拟机使用的存储设备，在虚拟机中与一个挂载点对应，而物理上可以是一个虚拟机磁盘文件或一个真实的磁盘分区。

存储池是一种可以从中生成存储卷的存储资源，后端可以支持以下存储介质：

（1）目录池。以主机的一个目录作为存储池，这个目录中包含的文件类型可以为各种虚拟机磁盘文件、镜像文件等。

（2）本地文件系统池。使用主机已经格式化的块设备作为存储池，支持的文件系统类型包括 EXT2、EXT3、VFAT 等。

（3）网络文件系统池。使用远端网络文件系统服务器的导出目录作为存储池，默认为NFS 网络文件系统，如图 9.4 所示。

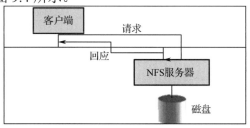

图 9.4　NFS 文件系统

（4）逻辑卷池。使用已经创建好的 LVM 卷组，或者提供一系列生成卷组的源设备，libvirt会在其上创建卷组，生成存储池。如图 9.5 所示。

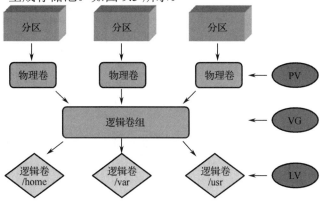

图 9.5　LVM

（5）磁盘卷池。使用磁盘作为存储池。

（6）iSCSI 卷池。使用 iSCSI 设备作为存储池，如图 9.6 所示。

（7）SCSI 卷池。使用 SCSI 设备作为存储池。

（8）多路设备池。使用多路设备作为存储池。

（9）RBD 池。使用 Ceph 作为存储池。

还支持更多的存储池类型，详细参考 https://libvirt.org/storage.html，如图 9.7 所示。

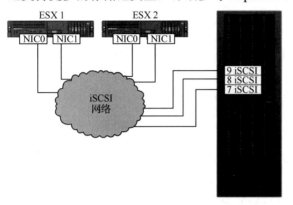

图 9.6　iSCSI 设备　　　　　　　　　图 9.7　libvirt 支持的存储后端

libvirt 中的三类存储对象存储池、存储卷、设备的状态转换关系如图 9.8 所示。

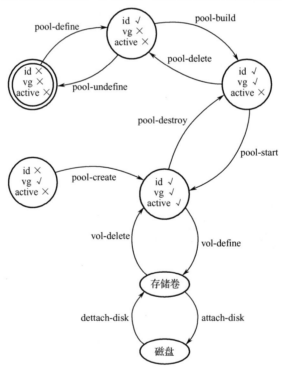

图 9.8　存储池、存储卷、设备的状态转换关系

存储卷从存储池中划分出来，存储卷分配给虚拟机成为可用的存储设备。存储池在 libvirt 中分配的 ID 标志着它成为 libvirt 可管理的对象，生成卷组（Volume Group，VG）就有了可

划分存储卷的存储池，状态为活跃状态才可执行划分存储卷的操作。

9.2　实验　向虚拟机添加卷

1．实验目的

（1）能够通过操作 XML 文件向虚拟机添加新的磁盘设备；
（2）能够通过操作 virt-manager 向虚拟机添加新的磁盘设备。

2．实验内容

（1）创建磁盘，创建磁盘的 XML 文件；
（2）通过命令挂载磁盘；
（3）通过 virt-manger 添加虚拟机磁盘。

3．实验原理

存储卷是一种可以分配给虚拟机使用的存储设备。在虚拟机中与一个挂载点对应，而物理上可以是一个虚拟机磁盘文件或一个真实的磁盘分区。

4．实验环境

（1）Windows 操作系统环境，并且已安装了 PuTTY、Xming、WinSCP 软件；
（2）CentOS 7 操作系统 1 台，并且已安装了 QEMU-KVM、gnome-desktop、virtualization-client、virt-manager、libvirt；
（3）CentOS 7 服务器上需要创建好测试虚拟机，使用 cirros-0.4.0-x86_64-disk.img 镜像。

5．实验步骤

（1）实验环境准备。
通过 PuTTY 软件远程连接到自己的实验环境，查看存储池列表。命令以及执行结果如下所示：

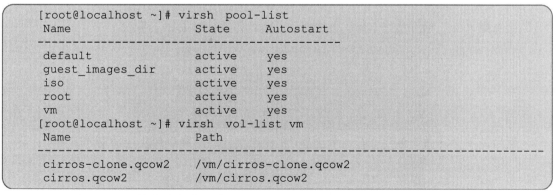

```
[root@localhost ~]# virsh pool-list
Name                     State      Autostart
-------------------------------------------------
default                  active     yes
guest_images_dir         active     yes
iso                      active     yes
root                     active     yes
vm                       active     yes
[root@localhost ~]# virsh vol-list vm
Name                     Path
-------------------------------------------------
cirros-clone.qcow2       /vm/cirros-clone.qcow2
cirros.qcow2             /vm/cirros.qcow2
```

（2）通过 XML 文件向虚拟机添加新的磁盘设备。
在本步骤中，要创建一个写有要添加的磁盘信息的 XML 配置文件，然后使用该 XML 配置文件向虚拟机添加磁盘设备。

首先创建一个虚拟磁盘，命令和执行结果如下所示：

```
[root@localhost ~]# qemu-img create -f qcow2 /vm/test1.qcow2 1g
Formatting '/vm/test1.qcow2', fmt=qcow2 size=1073741824 encryption=off
cluster_size=65536 lazy_refcounts=off
```

也可以使用"virsh"命令来创建，命令和执行结果如下所示：

```
[root@localhost ~]# virsh vol-create-as vm test1.1.qcow2 2g --format qcow2
Vol test1.1.qcow2 created
```

然后使用"virsh vol-list vm"命令显示虚拟磁盘，如果没有显示则需要刷新存储池。命令和执行结果如下所示：

```
[root@localhost ~]# virsh pool-refresh vm
[root@localhost ~]# virsh vol-list vm
```

检查是否创建成功，命令和执行结果如下所示：

```
[root@localhost ~]# ll /vm/test1.qcow2 /vm/test1.1.qcow2
-rw-------. 1 root root 197120 Aug 12 00:00 /vm/test1.1.qcow2
-rw-r--r--. 1 root root 197120 Aug 11 23:59 /vm/test1.qcow2
```

创建成功后，需要定义一个 XML 文件，命令和执行结果如下所示：

```
[root@localhost ~]#复制以下内容到命令行，如图 9.9 所示
tee <<EOF >/tmp/disks.xml
<disk type='file' device='disk'>
    <driver name='qemu' type='qcow2' cache='none'/>
    <source file='/vm/test1.qcow2'/>
    <target dev='hdb'/>
</disk>
EOF
```

图 9.9　生成文件

接着用"cat"命令检查 XML 文档内容，命令和执行结果如下所示：

```
[root@localhost ~]# cat /tmp/disks.xml
<disk type='file' device='disk'>
    <driver name='qemu' type='qcow2' cache='none'/>
    <source file='/vm/test1.qcow2'/>
    <target dev='hdb'/>
</disk>
```

然后使用"virsh"命令查看 cirros 虚拟机的磁盘信息，命令和执行结果如下所示：

```
[root@localhost ~]# virsh domblklist cirros
Target     Source
------------------------------------------------
hda        /vm/cirros.qcow2
```

使用命令指定 XML 配置文件来给虚拟机添加磁盘设备。如果磁盘类型是 IDE 则不支持

热添加磁盘，需要关机之后再执行。命令和执行结果如下所示：

```
[root@localhost ~]# virsh attach-device cirros /tmp/disks.xml --persistent
error: Failed to attach device from /tmp/disks.xml
error: Operation not supported: disk bus 'ide' cannot be hotplugged.
[root@localhost ~]# virsh shutdown cirros
Domain cirros is being shutdown
[root@localhost ~]# virsh attach-device cirros /tmp/disks.xml --persistent
Device attached successfully
```

添加成功后，使用"virsh"命令查看 cirros 虚拟机的磁盘信息。命令和执行结果如下所示：

```
[root@localhost ~]# virsh domblklist cirros
Target     Source
------------------------------------------------
hda        /vm/cirros.qcow2
hdb        /vm/test1.qcow2
```

可以看到已经添加成功，然后启动虚拟机。命令和执行结果如下所示：

```
[root@localhost ~]# virsh start cirros
Domain cirros started
```

虚拟机启动之后，通过 virt-manager 登录到 cirros 虚拟机中，执行"lsblk"或者"fdisk -l"命令查看磁盘，可以看到新添加的磁盘，如图 9.10 所示。这样，一个新的磁盘就添加完成了。

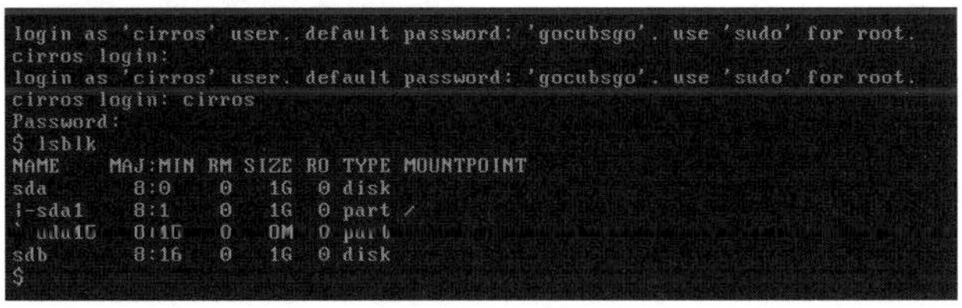

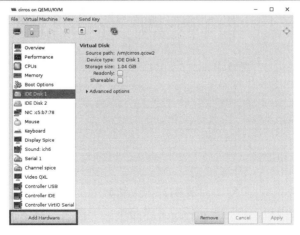

图 9.10　查看磁盘

（3）使用 virt-manager 向虚拟机添加新的磁盘设备。

在本步骤中，将使用 virt-manager 向虚拟机添加新的磁盘设备。输入"virt-manager"命令打开 virt-manager 图形化界面，命令如下所示。选择 cirros 虚拟机设置，打开设置界面，单击"Add Hardware"按钮添加硬件，如图 9.11 所示。

```
[root@localhost ~]# virt-manager
```

图 9.11　添加硬盘

在弹出的对话框中单击"Storage"选项添加存储设备，单击选择"Create a disk image for the virtual machine"创建磁盘，硬盘接口类型选择 IDE，结果如图 9.12 所示。单击"Finish"按钮。

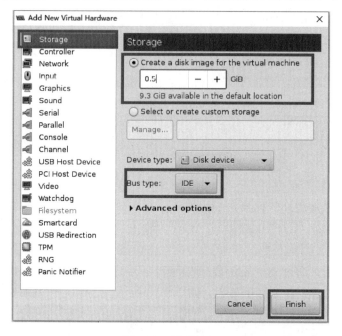

图 9.12　创建硬盘

在弹出的确认对话框中单击"Yes"按钮，设置将在下次启动时生效，如图 9.13 所示。

图 9.13　确认添加

接下来手动重启虚拟机，在 virt-manager 界面单击 ▾ 按钮，在下拉菜单中单击"Reboot"选项，如图 9.14 所示。

重启后登录虚拟机，执行"lsblk"命令。

如果重启不生效，则使用"shutdown"命令关机，然后再开机使磁盘生效，如图 9.15 所示。可以看到，系统已经识别出新添加的硬盘了。

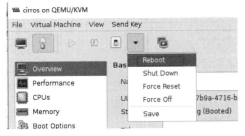

图 9.14　重启虚拟机

图 9.15　查看磁盘

9.3　实验　基于目录的存储池

1．实验目的

（1）能够使用相关的命令创建基于目录的存储池；
（2）能够使用相关命令验证存储池；
（3）能够通过相关命令删除存储池；
（4）能够使用 virt-manager 完成上述操作。

2．实验内容

（1）使用 virt-manager 创建基于目录的存储池，然后验证和删除；
（2）使用命令创建基于目录的存储池，然后验证并将其删除。

3．实验原理

（1）KVM 平台以存储池的形式对存储进行统一管理。所谓存储池，可以理解为本地目录，或者是通过远端磁盘阵列（ISCSI、NFS）分配的磁盘或目录，当然也支持各类分布式文件系统。

（2）存储池是放置虚拟机存储的位置，可以是本地，也可以是网络，具体的虚拟机实例存储在卷上。创建的存储池可以理解为一种映射关系，也就是将某一块挂载至宿主机上的存储空间形成可被 KVM 使用的逻辑存储池，以方便虚拟主机的管理。

4．实验环境

（1）Windows 操作系统环境，并且已安装了 PuTTY、Xming 软件；
（2）CentOS 7 操作系统 1 台，并且已安装了 QEMU-KVM、gnome-desktop、virtualization-client、virt-manager、libvirt。

5．实验步骤

（1）实验环境准备。

在本步骤中，首先进入/vm 目录，创建一个实验用目录。命令和执行结果如下所示：

```
[root@KVM ~]# cd /vm/
[root@KVM vm]# mkdir guest_images
```

目录创建完成后，需要设置目录属主和权限。命令和执行结果如下所示：

```
[root@KVM vm]# chown root:root guest_images/
[root@KVM vm]# chmod 700 guest_images/
```

然后查看 SELinux 上下文的情况，命令和执行结果如下所示：

```
[root@KVM vm]# ll -laZ guest_images/
drwx------. root root unconfined_u:object_r:unlabeled_t:s0 .
drwxr-xr-x. root root system_u:object_r:unlabeled_t:s0 ..
```

最后从命令执行结果可以看到，SELinux 上下文为默认设置。在实际生产环境中，考虑到安全性，需要对 SELinux 上下文默认设置进行修改。关于更多 SELinux 资料，请读者自己上网查阅。

（2）使用 virt-manager 创建基于目录的存储池。

这里使用 virt-manager 图形化工具来创建基于目录的存储池。

在本步骤中，首先打开 virt-manager 图形化界面，命令如下所示：

```
[root@KVM vm]# virt-manager
```

然后打开编辑菜单，单击"Connection Details"选项打开连接细节界面，单击"Storage"选项查看存储池详情信息，接着单击左下角的添加存储池按钮，如图 9.16 所示。

图 9.16　virt-manager 查看存储池

此时会弹出创建存储池对话框，需要设置新建存储池的名称及类型，如图 9.17 所示。这里存储池类型选择"Filesystem Directory"（文件系统），然后单击"Forward"按钮。

指定存储池的路径为之前创建好的目录，如图 9.18 所示。最后单击"Finish"按钮，完成创建操作。

图 9.17　创建存储池向导　　　　　　　　图 9.18　选择路径

创建完成后，连接细节界面将显示新创建的存储池，如图 9.19 所示。

图 9.19　显示创建的存储池

（3）使用 virsh 验证所创建的存储池。

在本步骤中，要查看所有存储池列表，检查刚刚创建的存储池是否正确，以及查看 guest_images_dir 存储池的详情信息。

首先查看所有存储池列表，命令和执行结果如下所示：

```
[root@KVM vm]# virsh pool-list --all
 Name                State     Autostart
-------------------------------------------
 default             active    yes
 guest_images_dir    active    yes
 iso                 active    yes
 root                active    yes
 vm                  active    yes
```

可以看到，刚创建的存储池已经存在于列表当中。接下来查看 guest_images_dir 存储池的详情信息，命令和执行结果如下所示：

```
[root@KVM vm]# virsh pool-info guest_images_dir
Name:          guest_images_dir
UUID:          69ff2cad-032c-4aff-aa1e-7680d24526ed （随机生成）
State:         running
Persistent:    yes
Autostart:     yes
Capacity:      19.56 GiB
Allocation:    520.29 MiB
Available:     19.05 GiB
```

可以看到，使用"virsh"命令查看到的存储池的详情信息与使用 virt-manager 看到的详情信息完全相同。也可以查看该存储池的 XML 配置文件，命令和执行结果如下所示：

```
[root@KVM vm]# cat /etc/libvirt/storage/guest_images_dir.xml
<!--
WARNING: THIS IS AN AUTO-GENERATED FILE. CHANGES TO IT ARE LIKELY TO BE
OVERWRITTEN AND LOST. Changes to this xml configuration should be made using:
  virsh pool-edit guest_images_dir
or other application using the libvirt API.
-->
<pool type='dir'>
  <name>guest_images_dir</name>
  <uuid>69ff2cad-032c-4aff-aa1e-7680d24526ed</uuid>
  <capacity unit='bytes'>0</capacity>
  <allocation unit='bytes'>0</allocation>
  <available unit='bytes'>0</available>
  <source>
  </source>
  <target>
    <path>/vm/guest_images</path>
  </target>
</pool>
```

（4）清理当前实验环境。

在此步骤中，使用 virt-manager 删除刚刚创建的存储池，也可以通过"virsh"命令来删除。打开 virt-manager 图形化界面，选择存储池详情信息，选中要删除的存储池，单击停止存储池按钮停止存储池，然后单击左下角的删除按钮删除存储池，如图 9.20 所示。

图 9.20 停止存储池

删除存储池后，可以使用"virsh"命令查看存储池列表。命令和执行结果如下所示：

```
[root@KVM vm]# virsh pool-list --all
 Name                State      Autostart
-------------------------------------------
 default             active     yes
 iso                 active     yes
 vm                  active     yes
 root                active     yes
```

（5）使用 virsh 创建存储池。

在本步骤中，使用"virsh pool-define-as"参数来定义存储池。命令和执行结果如下所示：

```
 [root@KVM  vm]#  virsh  pool-define-as  guest_images_dir  dir  --target
"/vm/guest_images"
 Pool guest_images_dir defined
```

定义完成后，使用命令查看列表，命令和执行结果如下所示：

```
[root@KVM vm]# virsh pool-list --all
 Name                State       Autostart
-------------------------------------------
 default             active      yes
 guest_images_dir    inactive    no
 iso                 active      yes
 vm                  active      yes
```

可以看到，guest_images_dir 存储池已经显示在列表中，但是状态为未启动（inactive），可以使用以下命令启动该存储池，命令和执行结果如下所示：

```
[root@KVM vm]# virsh pool-start guest_images_dir
 Pool guest_images_dir started
```

然后再次查看列表，命令和执行结果如下所示：

```
[root@KVM vm]# virsh pool-list
 Name                State     Autostart
-------------------------------------------
 default             active    yes
 guest_images_dir    active    no
 iso                 active    yes
 vm                  active    yes
```

因为在创建 guest_images_dir 存储池时并没有设置为自动启动，所以该存储池的 autostart 值为 no，可以使用命令将其激活。命令和执行结果如下所示：

```
[root@KVM vm]# virsh pool-autostart guest_images_dir
Pool guest_images_dir marked as autostarted
```

设置完毕，再重新查看存储池列表，guest_images_dir 存储池的 autostart 被设置为 yes。命令和执行结果如下所示：

```
[root@KVM vm]# virsh pool-list
 Name                State     Autostart
-------------------------------------------
 default             active    yes
 guest_images_dir    active    yes
 iso                 active    yes
 vm                  active    yes
```

（6）使用 virsh 删除存储池。

之前使用"virsh"命令完成了存储池的创建工作，接下来将使用"virsh"命令删除刚刚创建的存储池。与之前实验一样，在删除存储池之前，首先要将其停止。命令和执行结果如下所示：

```
[root@KVM vm]# virsh pool-destroy guest_images_dir
Pool guest_images_dir destroyed
```

停止后就可以将 guest_images_dir 存储池删除了。命令和执行结果如下所示：

```
[root@KVM vm]# virsh pool-delete guest_images_dir
Pool guest_images_dir deleted
```

删除成功后，需查看该存储池所在的目录。命令和执行结果如下所示：

```
[root@KVM vm]# ls
cirros.qcow2  lost+found
```

可以看到，存储池文件已经被删除。检查配置文件，命令和执行结果如下所示：

```
[root@KVM vm]# ll /etc/libvirt/storage/
total 16
drwxr-xr-x. 2 root root  78 Aug 14 07:43 autostart
-rw-------. 1 root root 538 Aug 11 03:51 default.xml
-rw-------. 1 root root 549 Aug 14 07:33 guest_images_dir.xml
-rw-------. 1 root root 511 Aug 13 09:01 iso.xml
-rw-------. 1 root root 508 Aug 13 09:01 vm.xml
```

发现 XML 配置文件还在，可以使用命令将其删除。命令和执行结果如下所示：

```
[root@KVM vm]# virsh pool-undefine guest_images_dir
Pool guest_images_dir has been undefined
```

重新检查配置文件，命令和执行结果如下所示：

```
[root@KVM vm]# ll /etc/libvirt/storage/
total 12
```

```
drwxr-xr-x. 2 root root  51 Aug 14 07:56 autostart
-rw-------. 1 root root 538 Aug 11 03:51 default.xml
-rw-------. 1 root root 511 Aug 13 09:01 iso.xml
-rw-------. 1 root root 508 Aug 13 09:01 vm.xml
```

可以看到，存储池的配置文件已经被删除，接着再检查存储池列表。命令和执行结果如下所示：

```
[root@KVM vm]# virsh pool-list --all
Name                 State      Autostart
-------------------------------------------
default              active     yes
iso                  active     yes
vm                   active     yes
```

可以看到，存储池已经被删除了。

9.4　实验　基于磁盘的存储池

1．实验目的

（1）能够使用相关的命令创建基于磁盘的存储池；

（2）能够使用相关命令验证存储池；

（3）能够通过相关命令删除存储池；

（4）能够使用 virt-manager 完成上述操作。

2．实验内容

（1）使用 virt-manager 创建基于磁盘的存储池；

（2）创建一个卷，然后验证存储池并将其删除；

（3）使用命令创建基于磁盘的存储池，然后验证并将其删除。

3．实验原理

（1）KVM 平台以存储池的形式对存储进行统一管理。所谓存储池，可以理解为本地目录，或者是通过远端磁盘阵列（ISCSI、NFS）分配的磁盘或目录，当然也支持各类分布式文件系统。

（2）存储池是放置虚拟机存储的位置，可以是本地，也可以是网络存储，具体的虚拟机实例放置在卷上。创建的存储池可以理解为一种映射关系，也就是将某一块挂载至宿主机上的存储空间形成可被 KVM 使用的逻辑存储池，以方便虚拟主机的管理。

4．实验环境

（1）Windows 操作系统环境，并且已安装了 PuTTY、Xming 软件；

（2）CentOS 7 操作系统 1 台，并且已安装了 QEMU-KVM、gnome-desktop、virtualization-client、virt-manager、libvirt；

（3）CentOS 7 服务器中需要有一块空的硬盘。

5. 实验步骤

（1）实验环境准备。

在本实验中，需要从 VMware Workstation 中添加一块新的磁盘，或者安装一个没有使用的空硬盘，使用命令查看可用的磁盘。命令和执行结果如下所示：

```
[root@KVM vm]# lsblk
NAME           MAJ:MIN RM  SIZE RO TYPE MOUNTPOINT
sda              8:0    0   20G  0 disk
├─sda1           8:1    0    1G  0 part /boot
└─sda2           8:2    0   19G  0 part
  ├─cl-root    253:0    0   17G  0 lvm  /
  └─cl-swap    253:1    0    2G  0 lvm  [SWAP]
sdb              8:16   0   20G  0 disk
└─vmvg-lvvm    253:2    0   20G  0 lvm  /vm
sdc              8:32   0   10G  0 disk         //用 SDC 磁盘来创建存储池
sr0             11:0    1 1024M  0 rom
```

（2）使用 virt-manager 创建基于磁盘的存储池。

在本步骤中，使用 virt-manager 图形化工具来创建基于目录的存储池。

首先打开 virt-manager 图形化界面，命令如下所示：

```
[root@KVM vm]# virt-manager
```

在图形化界面中单击菜单栏的"Edit"选项，单击下拉菜单中的"Connection Details"选项，查看存储池详情信息，如图 9.21 所示。

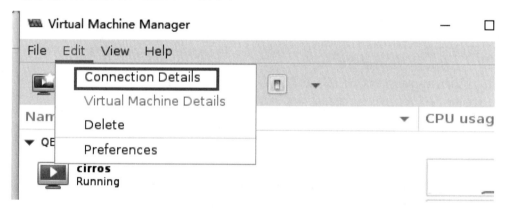

图 9.21　连接详情

在连接详情界面单击左下角的添加存储池按钮，添加存储池，如图 9.22 所示。

在弹出的创建新存储池对话框中，输入新建存储池的名称及类型，如图 9.23 所示。名字（Name）设置为"disk"，类型（Type）选择"disk：Physical Disk Device"。然后单击"Forward"按钮。

接下来需要指定存储池的目标路径和源路径，同时勾选"Build Pool"复选框，如图 9.24 所示。然后单击"Finish"按钮。

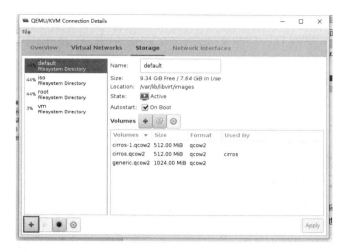

图 9.22　添加存储池

图 9.23　选择存储池类型

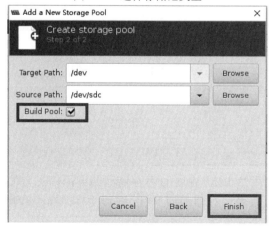

图 9.24　指定路径

在弹出的确认对话框中单击"Yes"按钮，确认创建，如图 9.25 所示。

> **Building a pool of this type will format the source device. Are you sure you want to 'build' this pool?**
>
> No   Yes

图 9.25　确认 build 存储池

创建完成后，可以看到创建的存储池信息，如图 9.26 所示。

图 9.26　显示存储池信息

（3）使用 virsh 和 virt-manager 验证所创建的存储池。

在本步骤中，需要检查刚刚创建的存储池是否正确，查看 disk 存储池的详情信息。

首先查看所有存储池列表，命令和执行结果如下所示：

```
[root@localhost ~]# virsh pool-list --all
Name              State        Autostart
---------------------------------------------
default           active       yes
disk              active       yes
iso               active       yes
root              active       yes
vm                active       yes
```

可以看到，刚创建的 disk 存储池已经存在于列表当中。接下来查看 disk 存储池的详情信息，命令和执行结果如下所示：

```
[root@localhost ~]# virsh pool-info disk
Name:          disk
UUID:          beae62f5-8885-45f1-b598-2cfd27ebaaf8
State:         running
Persistent:    yes
Autostart:     yes
Capacity:      10.00 GiB
Allocation:    0.00 B
Available:     10.00 GiB
```

由结果可以看出，使用"virsh"命令查看存储池的详情信息与使用 virt-manager 查看的详情信息完全相同。也可以查看该存储池的 XML 配置文件，命令和执行结果如下所示：

```
[root@localhost mnt]# cat /etc/libvirt/storage/disk.xml
<!--
WARNING: THIS IS AN AUTO-GENERATED FILE. CHANGES TO IT ARE LIKELY TO BE
OVERWRITTEN AND LOST. Changes to this xml configuration should be made using:
```

```
       virsh pool-edit disk
     or other application using the libvirt API.
     -->
     <pool type='disk'>
       <name>disk</name>
       <uuid>110a136d-1494-412f-aac8-ed7beae32b32</uuid>
       <capacity unit='bytes'>0</capacity>
       <allocation unit='bytes'>0</allocation>
       <available unit='bytes'>0</available>
       <source>
         <device path='/dev/sdc'/>
         <format type='unknown'/>
       </source>
       <target>
         <path>/mnt</path>
       </target>
     </pool>
```

　　然后在 virt-manager 图形化界面中创建一个设备，在左侧存储列表中选中刚才创建的 disk 存储池，在右侧单击"Volumes"项的创建按钮，如图 9.27 所示。

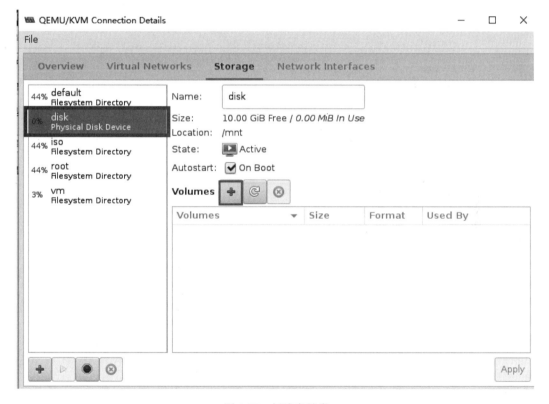

图 9.27　创建存储卷

　　此时会弹出创建存储卷对话框，需要设置新建存储卷的名称及容量配额。存储池名称输入"sdc1"，容量配额可以根据情况分配。然后单击"Finish"按钮，如图 9.28 所示。

　　在 disk 存储池信息界面中可以看到显示的 sdc1 存储卷，单击左下角的启动存储卷按钮，如图 9.29 所示。

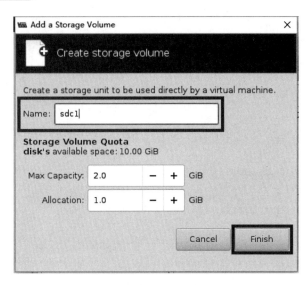

图 9.28　配置存储卷

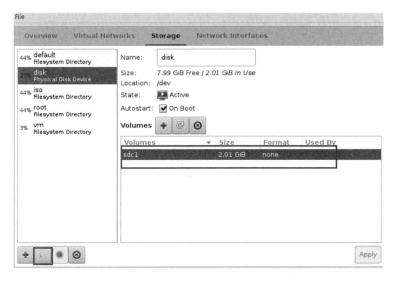

图 9.29　查看并启动存储卷

然后登录 KVM 主机，使用命令查看 sdc1 存储卷，命令和执行结果如下所示：

```
[root@localhost vm]# lsblk
NAME          MAJ:MIN RM  SIZE RO TYPE MOUNTPOINT
sda            8:0     0   20G  0 disk
├─sda1         8:1     0    1G  0 part /boot
└─sda2         8:2     0   19G  0 part
  ├─cl-root  253:0     0   17G  0 lvm  /
  └─cl-swap  253:1     0    2G  0 lvm  [SWAP]
sdb            8:16    0   20G  0 disk
└─vmvg-lvvm  253:2     0   20G  0 lvm  /vm
sdc            8:32    0   10G  0 disk
└─sdc1         8:33    0    2G  0 part        //可以看到已经创建 sdc1 了
sr0           11:0     1 1024M  0 rom
```

（4）删除存储池。

在本步骤中，使用 virt-manager 来删除存储池，也可以通过"virsh"命令行界面来删除。打开 virt-manager 图形化界面，在左侧存储列表中选中要删除的存储池，单击左下角的停止按钮，然后单击删除按钮，如图 9.30 所示。

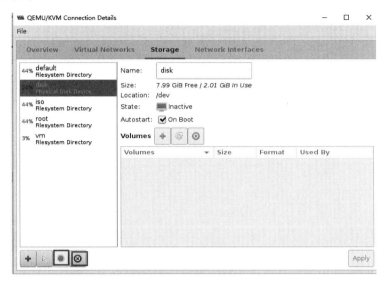

图 9.30　停止并且删除存储池

删除后，可以使用"virsh"命令查看存储池列表，命令和执行结果如下所示：

```
[root@localhost vm]# virsh pool-list --all
 Name                 State      Autostart
-------------------------------------------
 default              active     yes
 iso                  active     yes
 root                 active     yes
 vm                   active     yes
```

可以看到，存储池列表中已经没有所删除的存储池了，但是磁盘分区还在，可使用"fdish"命令删除分区。命令和执行结果如下所示：

```
[root@localhost vm]# fdisk /dev/sdc
Welcome to fdisk (util-linux 2.23.2).

Changes will remain in memory only, until you decide to write them.
Be careful before using the write command.


Command (m for help): d
Selected partition 1
Partition 1 is deleted

Command (m for help): w
The partition table has been altered!

Calling ioctl() to re-read partition table.
Syncing disks.
```

为了保证下次还可以添加该磁盘，需要对磁盘的分区表进行破坏。命令和执行结果如下所示：

```
[root@localhost vm]# dd if=/dev/zero of=/dev/sdc bs=1M count=2
2+0 records in
2+0 records out
2097152 bytes (2.1 MB) copied, 0.0358957 s, 58.4 MB/s
```

完成后就可以重新创建该类型的存储池了。

（5）使用 virsh 创建存储池。

使用"virsh pool-define-as"参数来创建存储池，命令和执行结果如下所示：

```
[root@localhost ~]# virsh pool-define-as disk --type disk --source-dev
"/dev/sdc" --target "/mnt"
Pool disk defined
```

创建完成后，使用"virsh pool-list --all"命令查看列表，命令和执行结果如下所示：

```
[root@localhost ~]# virsh pool-list --all
Name              State         Autostart
-------------------------------------------
default           active        yes
disk              inactive      no
iso               active        yes
root              active        yes
vm                active        yes
```

可以看到，disk 存储池已经创建成功，但是状态显示为未启动，可以建立（build）该存储池，然后启动该存储池。命令和执行结果如下所示：

```
[root@localhost ~]# virsh pool-build disk
Pool disk built
[root@localhost ~]# virsh pool-start disk
Pool disk started
```

启动后再次查看列表，命令和执行结果如下所示：

```
[root@KVM vm]# virsh pool-list
Name              State         Autostart
-------------------------------------------
default           active        yes
disk              active        no
iso               active        yes
vm                active        yes
```

此时，存储池的状态变为启动。因为在创建存储池的时候并没有将其设置为自动启动，所以 autostart 值为 no，可以使用命令将其开启。命令和执行结果如下所示：

```
[root@localhost ~]# virsh pool-autostart disk
Pool disk marked as autostarted
```

设置完毕，再重新查看列表，autostart 值被设置为 yes。命令和执行结果如下所示：

```
[root@localhost ~]# virsh pool-list
Name              State         Autostart
-------------------------------------------
default           active        yes
disk              active        yes
iso               active        yes
root              active        yes
vm                active        yes
```

至此，使用"virsh"命令已经完成了存储池的创建。下面将使用"virsh"命令来删除刚刚创建的存储池。与之前实验一样，在删除存储池之前首先要将其停止。命令和执行结果如下所示：

```
[root@KVM vm]# virsh pool-destroy disk
Pool disk destroyed
```

停止存储池后，将 disk 存储池解除定义（undefine）即可。命令和执行结果如下所示：

```
[root@localhost ~]# virsh pool-undefine disk
Pool disk has been undefined
```

最后再来检查存储池列表，命令和执行结果如下所示：

```
[root@localhost ~]# virsh pool-list --all
Name                 State      Autostart
-------------------------------------------
default              active     yes
iso                  active     yes
root                 active     yes
vm                   active     yes
```

9.5　实验　基于分区的存储池

1．实验目的

（1）能够使用相关的命令创建基于分区的存储池；
（2）能够使用相关命令验证存储池；
（3）能够通过相关命令删除存储池；
（4）能够使用 virt-manager 完成上述操作。

2．实验内容

（1）在磁盘上新建一个分区，然后格式化；
（2）使用 virt-manger 创建基于分区的存储池，然后验证并将其删除；
（3）使用命令创建基于分区的存储池，然后验证并将其删除。

3．实验原理

（1）KVM 平台以存储池的形式对存储进行统一管理。所谓存储池，可以理解为本地目录，或者是通过远端磁盘阵列（ISCSI、NFS）分配的磁盘或目录，当然也支持各类分布式文件系统。

（2）存储池是放置虚拟机存储的位置，可以是本地，也可以是网络存储，具体的虚拟机实例放置在卷上。创建的存储池可以理解为一种映射关系，也就是将某一块挂载至宿主机上的存储空间形成可被 KVM 使用的逻辑存储池，以方便虚拟主机的管理。

4．实验环境

（1）Windows 操作系统环境，并且已安装了 PuTTY、Xming；

（2）CentOS 7 操作系统 1 台，并且已安装了 QEMU-KVM、gnome-desktop、virtualization-client、virt-manager、libvirt。

（3）CentOS 7 服务器中需要有一块空的硬盘。

5．实验步骤

（1）实验环境准备。

在本次实验中，需要首先在系统中进行分区，并创建文件系统。

使用命令查看当前环境的分区情况，使用远程终端，在终端中输入"lsblk"命令查看分区信息。命令和执行结果如下所示：

```
[root@localhost ~]# lsblk
NAME           MAJ:MIN RM  SIZE RO TYPE MOUNTPOINT
sda              8:0    0   20G  0 disk
├─sda1           8:1    0    1G  0 part /boot
└─sda2           8:2    0   19G  0 part
  ├─cl-root    253:0    0   17G  0 lvm  /
  └─cl-swap    253:1    0    2G  0 lvm  [SWAP]
sdb              8:16   0   20G  0 disk
└─vmvg-lvvm    253:2    0   20G  0 lvm  /vm
sr0             11:0    1 1024M  0 rom
```

然后按照之前的实验中介绍的步骤，在 VMware Workstation 中添加磁盘作为 SDC。添加完成后重启，再次查看分区信息。命令和执行结果如下所示：

```
[root@localhost ~]# lsblk
NAME           MAJ:MIN RM  SIZE RO TYPE MOUNTPOINT
sda              8:0    0   20G  0 disk
├─sda1           8:1    0    1G  0 part /boot
└─sda2           8:2    0   19G  0 part
  ├─cl-root    253:0    0   17G  0 lvm  /
  └─cl-swap    253:1    0    2G  0 lvm  [SWAP]
sdb              8:16   0   20G  0 disk
└─vmvg-lvvm    253:2    0   20G  0 lvm  /vm
sdc              8:32   0   10G  0 disk
sr0             11:0    1 1024M  0 rom
[root@localhost ~]#
```

接着在 SDC 磁盘上创建新的分区，命令和执行结果如下所示：

```
[root@localhost ~]# fdisk  /dev/sdc
Welcome to fdisk (util-linux 2.23.2).

Changes will remain in memory only, until you decide to write them.
Be careful before using the write command.

Device does not contain a recognized partition table
Building a new DOS disklabel with disk identifier 0x89d6f3fe.

Command (m for help): p

Disk /dev/sdc: 10.7 GB, 10737418240 bytes, 20971520 sectors
Units = sectors of 1 * 512 = 512 bytes
Sector size (logical/physical): 512 bytes / 512 bytes
I/O size (minimum/optimal): 512 bytes / 512 bytes
Disk label type: dos
Disk identifier: 0x89d6f3fe

   Device Boot      Start         End      Blocks   Id  System
Command (m for help): n
Partition type:
```

```
    p    primary (0 primary, 0 extended, 4 free)
    e    extended
Select (default p): p
Partition number (1-4, default 1):     //默认 1 开始也就是 sdc1
First sector (2048-20971519, default 2048):
Using default value 2048           //默认
Last sector, +sectors or +size{K,M,G} (2048-20971519, default 20971519):
//默认使用全部空间
Using default value 20971519
Partition 1 of type Linux and of size 10 GiB is set

Command (m for help): w
The partition table has been altered!

Calling ioctl() to re-read partition table.
Syncing disks.
```

创建完成后，查看刚新建的分区，确保分区创建成功。命令和执行结果如下所示：

```
[root@localhost ~]# fdisk  -l /dev/sdc

Disk /dev/sdc: 10.7 GB, 10737418240 bytes, 20971520 sectors
Units = sectors of 1 * 512 = 512 bytes
Sector size (logical/physical): 512 bytes / 512 bytes
I/O size (minimum/optimal): 512 bytes / 512 bytes
Disk label type: dos
Disk identifier: 0x89d6f3fe

   Device Boot      Start         End      Blocks   Id  System
/dev/sdc1            2048    20971519    10484736   83  Linux
```

在成功创建分区后，需要使用"partprobe"命令使新建的分区生效，命令如下所示：

```
[root@localhost ~]# partprobe
```

然后在分区上创建文件系统，命令和执行结果如下所示。

```
[root@localhost ~]# mkfs.ext4 /dev/sdc1
mke2fs 1.42.9 (28-Dec-2013)
Filesystem label=
OS type: Linux
Block size=4096 (log=2)
Fragment size=4096 (log=2)
Stride=0 blocks, Stripe width=0 blocks
655360 inodes, 2621184 blocks
131059 blocks (5.00%) reserved for the super user
First data block=0
Maximum filesystem blocks=2151677952
80 block groups
32768 blocks per group, 32768 fragments per group
8192 inodes per group
Superblock backups stored on blocks:
      32768, 98304, 163840, 229376, 294912, 819200, 884736, 1605632

Allocating group tables: done
Writing inode tables: done
Creating journal (32768 blocks): done
Writing superblocks and filesystem accounting information: done
```

文件系统创建完成后，实验环境就准备完毕了。

（2）使用 virt-manager 创建基于分区的存储池。

在本步骤中，使用 virt-manager 图形化工具来完成创建基于分区的存储池。

首先打开 virt-manager 图形化界面，命令如下：

```
[root@localhost ~]# virt-manager
```

然后打开编辑菜单，单击"Connection Details"选项打开连接细节界面，单击"Storage"选项查看存储池详情信息，接着单击左下角的添加存储池按钮，如图 9.31 所示。

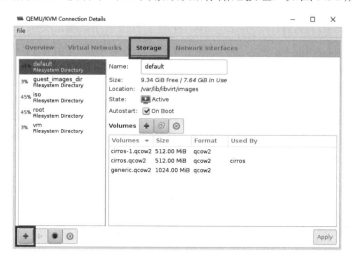

图 9.31　查看存储池详情

在弹出的创建存储池对话框中，设置新建存储池的名称为 guest，类型为 fs:Pre-Formatted Block Device，如图 9.32 所示。然后单击"Forward"按钮。

图 9.32　设置存储池

指定存储池的目标路径为实验目录，源路径为创建的分区路径/dev/sdc1，如图 9.33 所示。最后单击"Finish"按钮，完成创建操作。

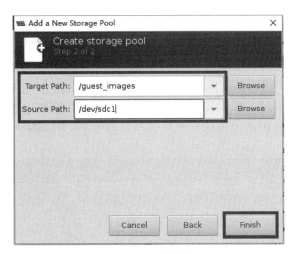

图 9.33　设置路径

创建完成后，连接细节界面将显示新创建的存储池，如图 9.34 所示。

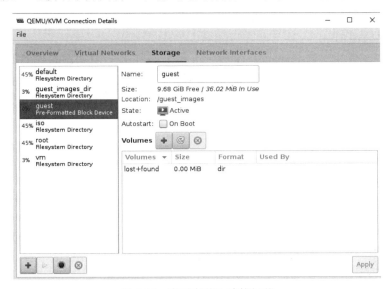

图 9.34　查看存储池连接细节

此时，可以通过命令来验证结果和查看 guest_images_fs 存储池的信息，命令和执行结果如下所示：

```
[root@localhost ~]# virsh pool-list --all
Name                 State      Autostart
-------------------------------------------
default              active     yes
guest                active     yes      //刚刚创建
guest_images_dir     active     yes
iso                  active     yes
root                 active     yes
vm                   active     yes

[root@localhost ~]#
```

也可以看到，在根目录下也创建了与存储池相对应的目录，命令和执行结果如下所示：

```
[root@localhost ~]# ll /guest_images/ -d
drwxr-xr-x. 3 root root 4096 Aug 12 01:14 /guest_images/
[root@localhost ~]#
```

查看 sdc1 分区的挂载情况，可以发现 sdc1 分区被自动挂载到/guest_images 目录下。libvirtd 会自动挂载分区，可以通过重启 KVM 服务器来进行验证。重启后使用远程终端重新连接，重新输入命令查看 sdc1 分区是否被自动挂载到/guest_images 目录下。命令和执行结果如下所示：

```
[root@localhost ~]# df -h
Filesystem            Size  Used Avail Use% Mounted on
/dev/mapper/cl-root    17G  7.7G  9.4G  45% /
devtmpfs              1.9G     0  1.9G   0% /dev
tmpfs                 1.9G     0  1.9G   0% /dev/shm
tmpfs                 1.9G  9.1M  1.9G   1% /run
tmpfs                 1.9G     0  1.9G   0% /sys/fs/cgroup
/dev/sda1            1014M  186M  829M  19% /boot
/dev/mapper/vmvg-lvvm  20G  774M   18G   5% /vm
tmpfs                 378M  8.0K  378M   1% /run/user/0
/dev/sdc1             9.8G   37M  9.2G   1% /guest_images
```

（3）删除存储池。

在本步骤中，使用 virt-manager 图形化工具来删除上一步创建的存储池，也可以通过 "virsh" 命令行界面来删除。打开 virt-manager 界面，选择存储池详情信息，在存储池列表中选中要删除的存储池，单击左下角的停止按钮停止存储池，然后单击删除按钮删除存储池。如图 9.35 和图 9.36 所示。

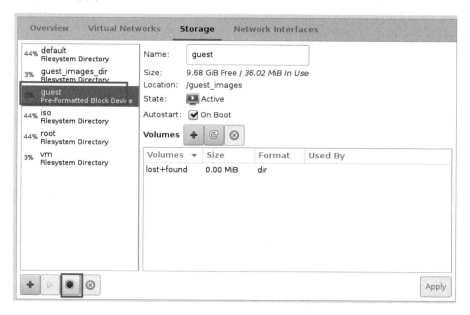

图 9.35　停止存储池

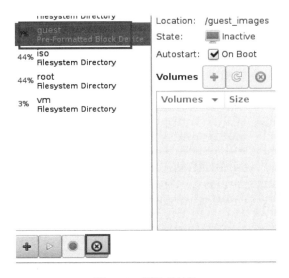

图 9.36　删除存储池

删除后，使用"virsh"命令查看存储池列表，可以发现，之前创建的存储池已经被删除。命令和执行结果如下所示：

```
[root@localhost ~]# virsh pool-list --all
 Name                    State      Autostart
-------------------------------------------------
 default                 active     yes
 guest_images_dir        active     yes
 iso                     active     yes
 root                    active     yes
 vm                      active     yes
```

（4）使用 virsh 创建基于分区的存储池。

首先使用"virsh"命令定义一个类型为 fs、名称为 guest 的存储池，该存储池的源设备名称为/dev/sdc1，挂载路径为/guest_images。具体命令和执行结果如下所示：

```
[root@localhost ~]# virsh pool-define-as guest fs --source-dev "/dev/sdc1"
--target "/guest_images1"
 Pool guest defined
```

然后查看存储池列表，命令和执行结果如下所示：

```
[root@localhost ~]# virsh pool-list --all
 Name                    State      Autostart
-------------------------------------------------
 default                 active     yes
 guest                   inactive   no
 guest_images_dir        active     yes
 iso                     active     yes
 root                    active     yes
 vm                      active     yes
```

可以看到，guest 存储池已经创建成功，但是状态显示为未启动，可以使用以下命令启动该存储池。命令和执行结果如下所示：

```
[root@localhost ~]#  virsh pool-start guest
 error: Failed to start pool guest
 error: internal error: Child process (/usr/bin/mount -t auto /dev/vdb1
```

```
/guest_images1) unexpected exit status 32: mount: mount point /guest_images1 does
not exist
```

这里如果出现 error 报错信息，提示挂载点不存在，可以先使用命令建立存储池，然后查看根目录下有没有创建 guest 挂载目录。命令和执行结果如下所示。

```
[root@localhost ~]# virsh pool-build guest
Pool guest built
[root@localhost ~]# ll /guest_images1 -d
drwxr-xr-x. 3 root root 4096 Aug 12 01:14 /guest_images1
```

发现挂载目录已存在，说明存储池创建成功，那么就可以开启 guest_images_fs 存储池，并设置为自动启动。命令和执行结果如下所示：

```
[root@localhost ~]# virsh pool-start guest
Pool guest started
[root@localhost ~]# virsh pool-autostart guest
Pool guest marked as autostarted
```

最后再查看存储池列表，确保配置成功执行。命令和执行结果如下所示：

```
[root@localhost ~]# virsh pool-list --all
 Name                 State      Autostart
-------------------------------------------------
 default              active     yes
 guest                active     yes
 guest_images_dir     active     yes
 iso                  active     yes
 root                 active     yes
 vm                   active     yes
```

基于分区的存储池创建成功后，使用"virsh"命令删除刚刚创建的存储池。与之前实验一样，在删除存储池之前首先要将其停止。命令和执行结果如下所示：

```
[root@localhost ~]# virsh pool-destroy guest
Pool guest destroyed
```

存储器停止后就可以将其删除了，命令和执行结果如下所示：

```
[root@localhost ~]# virsh pool-delete guest
Pool guest deleted
```

删除成功后，接着删除该存储池挂载的目录，命令和执行结果如下所示：

```
[root@localhost ~]# rm -rf /guest_images*
```

挂载目录删除后，检查配置文件，命令和执行结果如下所示：

```
[root@localhost ~]# ll /etc/libvirt/storage/
total 24
drwxr-xr-x. 2 root root 115 Aug 12 01:55 autostart
-rw-------. 1 root root 538 Jul 28 07:14 default.xml
-rw-------. 1 root root 549 Jul 29 03:58 guest_images_dir.xml
-rw-------. 1 root root 581 Aug 12 01:54 guest.xml
-rw-------. 1 root root 511 Jul 28 07:17 iso.xml
-rw-------. 1 root root 514 Jul 28 23:29 root.xml
-rw-------. 1 root root 508 Aug  7 09:52 vm.xml
```

可以发现，存储池的配置文件还在，可以使用命令进行删除和检查。命令和执行结果如下所示：

```
[root@localhost ~]# virsh pool-undefine guest
Pool guest has been undefined
[root@localhost ~]# ll /etc/libvirt/storage/
total 20
drwxr-xr-x. 2 root root  98 Aug 12 01:58 autostart
-rw-------. 1 root root 538 Jul 28 07:14 default.xml
-rw-------. 1 root root 549 Jul 29 03:58 guest_images_dir.xml
-rw-------. 1 root root 511 Jul 28 07:17 iso.xml
-rw-------. 1 root root 514 Jul 28 23:29 root.xml
-rw-------. 1 root root 508 Aug  7 09:52 vm.xml
```

配置文件删除后，最后再检查存储池列表，确保删除成功。命令和执行结果如下所示：

```
[root@localhost ~]# virsh pool-list --all
Name                 State      Autostart
-------------------------------------------
default              active     yes
guest_images_dir     active     yes
iso                  active     yes
root                 active     yes
vm                   active     yes
```

9.6　实验　基于 LVM 的存储池

1. 实验目的

（1）能够熟练地使用命令创建物理卷（Physical Volume，PV）、VG；

（2）能够使用 virt-manager 创建基于 LVM 的存储池；

（3）能够使用命令创建基于 LVM 的存储池。

2. 实验内容

（1）用新的磁盘新建一个 VG；

（2）使用 virt-manger 创建基于现有 VG 的 LVM 存储池；

（3）使用 virt-manger 创建基于新建 VG 的 LVM 存储池；

（4）使用命令创建基于新建 VG 的 LVM 存储池。

3. 实验原理

（1）KVM 平台以存储池的形式对存储进行统一管理。所谓存储池，可以理解为本地目录，或者是通过远端磁盘阵列（ISCSI、NFS）分配的磁盘或目录，当然也支持各类分布式文件系统。

（2）存储池是放置虚拟机存储的位置，可以是本地，也可以是网络存储，具体的虚拟机实例放置在卷上。创建的存储池可以理解为一种映射关系，也就是将某一块挂载至宿主机上的存储空间形成可被 KVM 使用的逻辑存储池，以方便虚拟主机的管理。

4. 实验环境

（1）Windows 操作系统环境，并且已安装了 PuTTY、Xming 软件；

（2）CentOS 7 操作系统 1 台，并且已安装了 QEMU-KVM、gnome-desktop、virtualization-client、virt-manager、libvirt；

（3）CentOS 7 服务器中需要有一块空的硬盘。

5.实验步骤

（1）实验环境准备。

在创建基于 LVM 的存储池时要求使用全部磁盘分区，有两种方法：一种方法就是分别使用现有的卷组和新建的卷组来创建；另一种方式是使用新建卷组的方式创建基于 LVM 的存储池。第一种方法需要先新建卷组，因此这里使用上个实验添加的 sdc 磁盘来创建卷组。首先需要删除分区，命令以及执行结果如下所示：

```
[root@localhost ~]# fdisk /dev/sdc
Welcome to fdisk (util-linux 2.23.2).

Changes will remain in memory only, until you decide to write them.
Be careful before using the write command.


Command (m for help): d
Selected partition 1
Partition 1 is deleted

Command (m for help): w
The partition table has been altered!

Calling ioctl() to re-read partition table.
Syncing disks.
```

接着创建/dev/sdc 物理卷，命令以及执行结果如下所示：

```
[root@localhost ~]# partprobe
[root@localhost ~]# pvcreate /dev/sdc
WARNING: dos signature detected on /dev/sdc at offset 510. Wipe it? [y/n]:
y
  Wiping dos signature on /dev/sdc.
  Physical volume "/dev/sdc" successfully created.
```

然后查看物理卷信息，命令以及执行结果如下所示：

```
[root@localhost ~]# pvdisplay /dev/sdc
  "/dev/sdc" is a new physical volume of "10.00 GiB"
  --- NEW Physical volume ---
  PV Name               /dev/sdc
  VG Name
  PV Size               10.00 GiB
  Allocatable           NO
  PE Size               0
  Total PE              0
  Free PE               0
  Allocated PE          0
  PV UUID               JPApK5-Vfy7-24a4-tzdT-TjIF-emRN-SCVEME
```

创建卷组，卷组名为 guest，命令以及执行结果如下所示：

```
[root@localhost ~]# vgcreate guest /dev/sdc
  Volume group "guest" successfully created
```

查看卷组信息，命令以及执行结果如下所示：

```
[root@localhost ~]# vgdisplay guest
  --- Volume group ---
  VG Name               guest
  System ID
  Format                lvm2
  Metadata Areas        1
  Metadata Sequence No  1
  VG Access             read/write
  VG Status             resizable
  MAX LV                0
  Cur LV                0
  Open LV               0
  Max PV                0
  Cur PV                1
  Act PV                1
  VG Size               10.00 GiB
  PE Size               4.00 MiB
  Total PE              2559
  Alloc PE / Size       0 / 0
  Free  PE / Size       2559 / 10.00 GiB
  VG UUID               7l7tB0-72PA-38cn-uI96-1AM3-AJxz-LqfK31
```

卷组创建完成后，本次实验的基本环境就准备完成了。接下来的实验将使用创建的 guest_lvm 卷组来创建存储池。

（2）使用现有的卷组创建基于 LVM 的存储池。

这里依然使用 virt-manager 图形化工具以及现有的卷组来完成基于 LVM 的存储池的创建。首先打开 virt-manager 界面，命令以及执行结果如下所示：

```
[root@localhost ~]# virt-manager
```

按照之前实验的步骤打开新建存储池对话框，选择新建存储池名称为 guest，类型为 "logical：LVM Volume Group"，然后单击 "Forward" 按钮，如图 9.37 所示。

由于卷组已经创建好了，所以源路径为空，也不需要勾选 "Build Pool" 复选框，只需要在目标路径处指定卷组的路径即可，然后单击 "Finish" 按钮，完成创建操作，如图 9.38 所示。

图 9.37　创建存储池

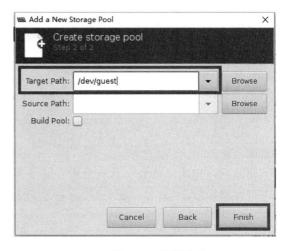

图 9.38　设置路径

创建完成后，可以在存储池列表里面看到基于 LVM 的存储池已经创建完成并启动，如

图 9.39 所示。

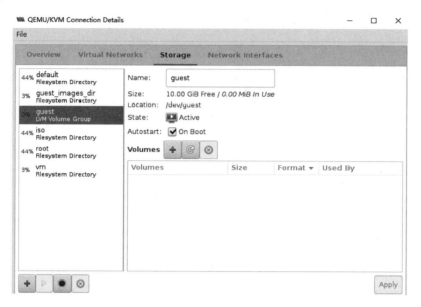

图 9.39　显示存储池

也可以通过命令检查存储池是否创建成功，命令和执行结果如下所示：

```
[root@localhost /]# virsh pool-list --all
Name                        State        Autostart
-------------------------------------------------
default                     active       yes
guest                       active       yes
guest_images_dir            active       yes
iso                         active       yes
root                        active       yes
vm                          active       yes
```

（3）删除存储卷。

首先通过"virsh"命令删除存储池，命令以及执行结果如下所示：

```
[root@localhost /]# virsh pool-destroy guest
Pool guest destroyed

[root@localhost /]# virsh pool-delete guest
Pool guest deleted

[root@localhost /]# virsh pool-undefine guest
Pool guest has been undefined
```

删除后，使用"virsh"命令查看存储池列表，命令以及执行结果如下所示：

```
[root@localhost /]# virsh  pool-list --all
Name                        State        Autostart
-------------------------------------------------
default                     active       yes
guest_images_dir            active       yes
iso                         active       yes
root                        active       yes
vm                          active       yes
```

可以看到，之前创建的存储池 guest 已经被删除了。

接下来还需要清除逻辑卷，命令以及执行结果如下所示：

```
[root@localhost /]# pvremove /dev/sdc
  Labels on physical volume "/dev/sdc" successfully wiped.
```

提示执行成功，则说明基于 LVM 的存储池已经删除完毕。

（4）使用新建卷组的方式创建基于 LVM 的存储池。

在本步骤中，将在没有创建卷组的 KVM 服务器上面创建基于 LVM 的存储池。

使用 virt-manager 图形化工具来创建存储池，打开 virt-manager 界面，命令如下：

```
[root@localhost ~]# virt-manager
```

按照之前实验的步骤打开新建存储池对话框，选择新建存储池名称为 guest，类型为
"logical：LVM Volume Group"，然后单击"Forward"按钮，如图 9.40 所示。

然后分别填写目标路径为要新建的卷组的路径，源路径为存储设备的位置，并勾选"Build
Pool"复选框，单击"Finish"按钮完成创建操作，如图 9.41 所示。

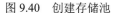
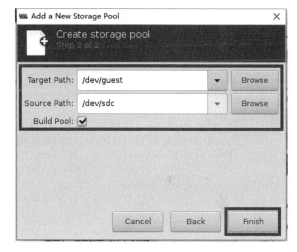

图 9.40　创建存储池　　　　　　　　　图 9.41　设置路径

在弹出的提示警告对话框中单击"Yes"按钮，这时候系统会根据填写的源路径和目标路
径创建一个全新的卷组。

（5）使用 virsh 创建基于 LVM 的存储池。

也可以使用"virsh"命令创建基于 LVM 的存储池。在本步骤中，首先需要删除步骤（4）
中创建的存储池，可以使用 virt-mangaer 上面的删除按钮。

使用"virsh"命令定义并建立存储池 guest，指定其源设备为创建卷组的磁盘，卷组名为
test。命令以及执行结果如下：

```
[root@localhost ~]# virsh pool-define-as guest logical --source-dev=
/dev/sdc --source-name=test
Pool guest defined
[root@localhost ~]# virsh pool-build guest
Pool guest built
```

创建完成后，开启存储池，并设置为自动启动，命令以及执行结果如下所示：

```
[root@localhost ~]# virsh pool-start guest
Pool guest started

[root@localhost ~]# virsh pool-autostart guest
Pool guest marked as autostarted
```

查看存储池列表，命令以及执行结果如下所示：

```
[root@localhost ~]# virsh pool-list --all
Name                State      Autostart
-------------------------------------------
default             active     yes
guest               active     yes
guest_images_dir    active     yes
iso                 active     yes
root                active     yes
vm                  active     yes
```

可以看到，存储池已经成功创建，接下来重新检查一下卷组和逻辑卷，命令以及执行结果如下所示：

```
[root@localhost ~]# vgs
  VG    #PV #LV #SN Attr   VSize  VFree
  cl     1   2   0 wz--n- 19.00g      0
  test   1   1   0 wz--n- 10.00g  9.00g
  vmvg   1   1   0 wz--n- 20.00g      0
```

可以看到，新建了一个名为 test 的卷组。这样，使用"virsh"命令创建基于 LVM 的存储池就已经完成了。

实验完成后继续重复第（3）步，删除存储池，以方便下次实验操作。

第 10 章

KVM 中的网络类型

KVM 中的网络就是虚拟机的流量出口模型，常见的网络模式有桥接模式、NAT 模式、路由模式和隔离模式。

10.1 KVM 支持的网络类型

10.1.1 桥接模式

在桥接模式中，客户机和宿主机平等，都是网络中的一个节点，二者网络环境相同，类似 VMware 中的桥接网络。

在 QEMU/KVM 的网络使用中，网桥（Bridge）模式可以让客户机和宿主机共享一个物理网络设备连接网络，客户机有自己的独立 IP 地址，可以直接连接与宿主机一样的网络，客户机可以访问外部网络，外部网络也可以直接访问客户机（就像访问普通物理主机一样）。即使宿主机只有一个网卡设备，使用网桥模式也可让多个客户机与宿主机共享网络设备。桥接模式特点如下：

（1）当使用桥接模式时，所有的虚拟机位于和物理机一样的子网中。

（2）位于该网络中的物理机都可以与虚拟机通信。

桥接模式如图 10.1 所示。

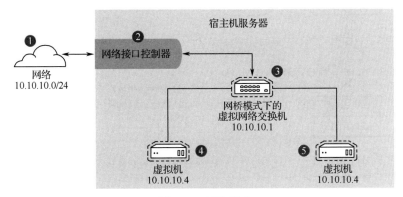

图 10.1　桥接模式

从图 10.1 可以看出，虚拟机的流量经过虚拟交换机之后，从绑定在虚拟交换机上的物理网口转发出去。

10.1.2 NAT 模式

NAT 模式就是所有来自内部虚拟机的报文通过物理网卡出去之前都将源地址转化成物理网卡的地址，所有的回应报文也都将回应给物理网卡，由 NAT 会话表再将物理网卡的地址转化回内部虚拟机地址。特点如下：

（1）默认情况下，虚拟交换机就是运行在 NAT 模式下的，它们使用 IP 地址伪装，而不是 SNAT 或者 DNAT，IP 伪装可以让连接在虚拟交换机上的虚拟机通过物理网卡连接到外部网络。IP 地址伪装也就是在 iptables 上面配置外部网卡地址的时候不指定 IP 地址，而是使用接口作为参数，这样即使外部网口的 IP 地址经常变化也可以正常地通过 NAT 将地址转换到该网卡上。如图 10.2 所示。

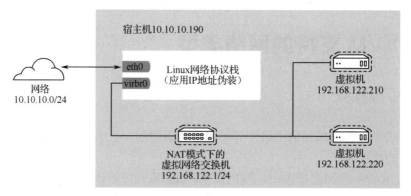

图 10.2　NAT 模式

NAT 的转发模式是虚拟机的网络经过虚拟交换机，然后广播到 virbr0 虚拟网卡，之后内核的网络协议栈把 virbr0 上的地址转换到 eth0 上，最后通过 eth0 转发到外部网络。

（2）NAT 模式目前通常采用 iptables 工具进行端口映射解决，如图 10.3 所示（图中省略了无关的表和链）。

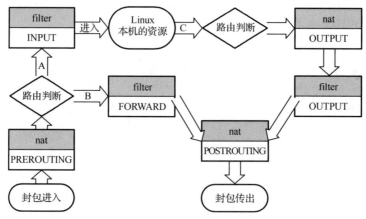

图 10.3　iptables

当 Linux 收到一个数据包的时候，首先经过 NAT 表的 PREROUTING 链，然后开始路由判断数据包是否为发给自己的，如果是则经过 filter 的 INPUT 链到自己，然后本身发包也是先路由判断，依次经过 NAT 表的 OUTPUT 链、filter 的 OUTPUT 链、NAT 的 POSTROUTING 链。

如果在一开始的时候，路由判断不是发给自己的数据包，那么直接经过 filter 表的 FORWARD 链，然后再经过 NAT 表的 POSTROUTING 链。NAT 网络模型中，规则都是下发在 NAT 的 PREROUTING 和 POSTROUTING 链中的，而 filter 表的 FORWARD 链一般用于设置规则是否允许转发的功能，比如是否允许某些特定的 IP 地址进行 NAT 转发。

（3）相比使用网桥共享同一个网络设备，其区别在于 virbr0 并未直接绑定到实际的物理网卡，数据包经过 virbr0 进行 NAT 后把 IP 包从实际的物理网络设备转发出去。

（4）在 NAT 模式下，需要在宿主机上运行一个 DHCP 服务器给内网的机器分配 IP 地址，可以使用 dnsmasq 工具实现。如图 10.4 所示。

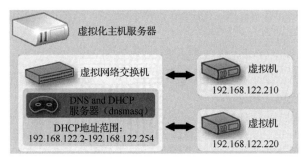

图 10.4　DHCP Server

dnsmasq 服务一般是绑定在虚拟交换机上的，这样虚拟机就可以顺利地获取 IP 地址。NAT 网络模式下的网络转发如图 10.5 所示。

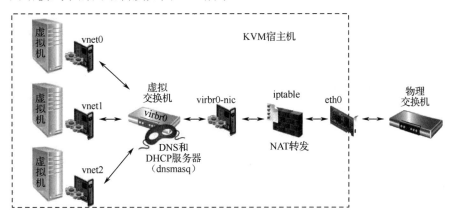

图 10.5　NAT 工作过程

虚拟机的流量经过 virbr0 网桥后通过 virbr0-nic 虚拟网卡 NAT 到 eth0 的网卡上，最终虚拟机的 IP 地址伪装成 eth0 的 IP 地址转发到外部网络。virbro-nic→eth0 的流量处理是 Linux 系统完成的，这个步骤和 KVM 没有关系，只需要正确地配置 iptables 即可。

10.1.3　隔离模式

使用隔离模式时，连接到虚拟交换机的虚拟机可以相互通信，也可以与主机物理机通信，但其通信不会传到主机物理机外，也不能从主机物理机外部接收通信。在这种模式下，使用 dnsmasq 对于诸如 DHCP 的基本功能是必需的。但是，即使该网络与任何物理网络隔离，DNS

名称仍然能被解析。因此，DNS 名称能解析但 ICMP 回应请求（ping）命令失败这种情况可能会出现。隔离模式如图 10.6 所示。

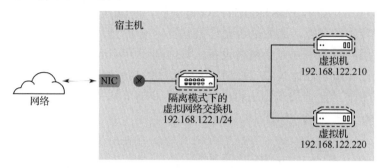

图 10.6　隔离模式

从图 10.6 可以看出，虚拟机之间以及与宿主机可以通信，但是不能和外部网络通信。隔离模式的转发过程如图 10.7 所示。

隔离模式相当于虚拟机只是连接到一台交换机上。

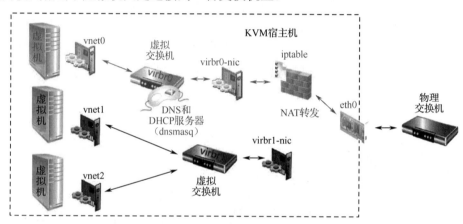

图 10.7　隔离模式的转发过程

10.1.4　路由模式

当使用路由模式时，虚拟交换机连接到主机物理机的物理 LAN，在不使用 NAT 的情况下来回传输流量。虚拟交换机可以检查所有流量，并使用网络数据包中包含的信息来做出路由决策。使用此模式时，所有虚拟机都位于其自己的子网中，通过虚拟交换机进行路由。这种情况并不总是理想的，因为物理网络上的其他主机物理机不通过手工配置的路由信息是无法发现这些虚拟机的，并且不能访问虚拟机。路由模式在 OSI 网络模型的第三层运行。路由模式如图 10.8 所示。

如果想要和外部网络互相通信，则必须在 Linux 和外部路由设备上配置正确的路由信息，如图 10.9 所示。

路由模式举例如下：

假设有一个网络，其中一个节点或部分节点需要在特殊子网中，出于安全原因放在 DMZ（De-Militarized Zone，隔离区）。这个网络的外观如图 10.10 所示。

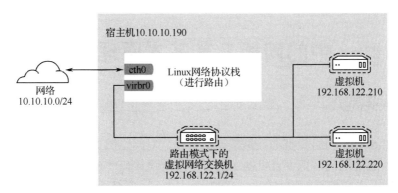

图 10.8　路由模式

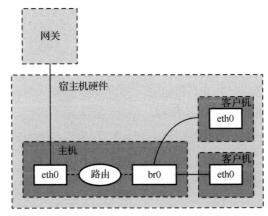

图 10.9　外部通信过程

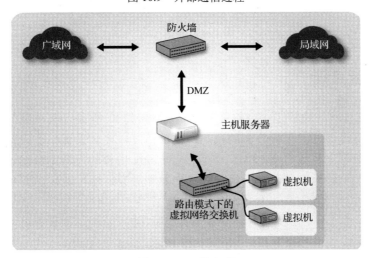

图 10.10　网络拓扑

DMZ 中的主机为 LAN 主机和 WAN 提供服务，因此，它们需要由内网中的其他计算机以及互联网中的计算机访问。由于将它们放在 LAN 上是不安全的（攻击者可以在成功攻击后访问 LAN），因此，它们位于特殊子网中。此外，它们不能处于 NAT 模式或隔离模式。

10.2 Linux 中的网桥及其基本原理

10.2.1 桥接简介

桥接是指依据 OSI 网络模型的数据链路层协议，对网络数据包进行转发的过程，工作在 OSI 的第二层。通俗地说，把一台机器上的若干个网络接口"连接"起来，其结果是，其中一个网口收到的报文会被复制给其他网口并发送出去，以使得网口之间的报文能够互相转发。

网桥（Bridge）是 Linux 上用来进行 TCP/IP 二层协议交换的设备，与现实世界中的交换机功能相似。网桥设备实例可以和 Linux 上其他网络设备实例连接，即附加一个从设备，类似于在现实世界中的交换机和一个用户终端之间连接一根网线。当有数据到达时，网桥会根据报文中的 MAC 信息进行广播、转发、丢弃处理。

如图 10.11 所示，主机 A 发送的报文被送到交换机 S1 的 eth0 口，由于 eth0 与 eth1、eth2 桥接在一起，故而报文被复制到 eth1 和 eth2，并且发送出去，然后被主机 B 和交换机 S2 接收到，而 S2 又会将报文转发给主机 C 和 D。

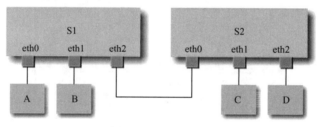

图 10.11　网络桥接

10.2.2 桥接实现

Linux 内核支持网口的桥接（目前只支持以太网接口）。但是，与单纯的交换机不同，交换机只是一个二层设备，对于接收到的报文，要么转发、要么丢弃。小型的交换机里面只需要一块交换芯片即可，并不需要 CPU。而运行着 Linux 内核的机器本身就是一台主机，有可能就是网络报文的目的地，其收到的报文除了转发和丢弃，还可能被送到网络协议栈的上层（网络层），从而被自己消化。

Linux 内核是通过一个虚拟的网桥设备来实现桥接的。这个虚拟设备可以绑定若干个以太网接口设备，从而将它们桥接起来，如图 10.12 所示。

网桥设备 br0 绑定了 eth0 和 eth1。对于网络协议栈的上层来说，只能看到 br0，因为桥接是在数据链路层实现的，上层不需要关心桥接的细节，于是协议栈上层需要发送的报文被送到 br0，网桥设备的处理代码再来判断报文该被转发到 eth0 或是 eth1，或者两者皆是；反过来，从 eth0 或从 eth1 接收的报文被提交给网桥的处理代码，在这里会判断报文该转发、丢弃或提交到协议栈上层。而有时候，eth0、eth1 也可能会作为报文的源地址或目的地址，直接参与报文的发送与接收（从而绕过网桥）。

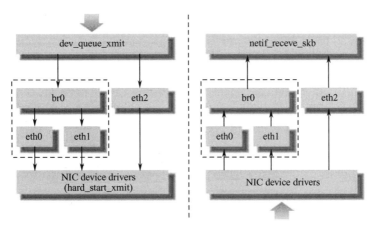

图 10.12　网桥转发过程

10.2.3　桥接实现过程

要使用桥接功能，需要在编译内核时指定相关的选项，并让内核加载桥接模块，之后安装 brctl 工具。前者是使内核协议栈支持网桥，后者是安装用户空间工具来配置网桥。最后通过 "brctl addbr {br_name}" 命令新增一个网桥设备，通过 "brctl addif {eth_if_name}" 命令绑定若干网络接口。当一个从设备被连接到网桥上时，相当于现实世界里交换机的端口被插入了一根连有终端的网线。这时在内核程序里，netdev_rx_handler_register() 被调用，如图 10.13 所示，一个用于接收数据的回调函数被注册。以后每当这个设备收到数据时都会调用该函数，可以把数据转发到网桥上。当网桥接收到此数据时，br_handle_frame() 被调用，进行一个和物理交换机类似的处理过程：判断包的类别（广播/单点），查找内部 MAC 端口映射表，定位目标端口号，将数据转发到目标端口或丢弃，自动更新内部 MAC 端口映射表以自我学习。

网桥和物理二层交换机有一个区别，图 10.13 中左侧描述了这种情况：数据被直接发到网桥上，而不是从一个端口接收。这种情况可以看作网桥自己有一个 MAC 可以主动发送报文，或者说网桥自带了一个隐藏端口和宿主 Linux 系统自动连接，Linux 上的程序可以直接从这个端口向网桥上的其他端口发数据。所以，当一个网桥拥有一个网络设备，如 bridge0 加入了 eth0 时，实际上 bridge0 拥有两个有效 MAC 地址，一个是 bridge0 的，另一个是 eth0 的，它们之间可以通信。由此可见，网桥可以设置 IP 地址。通常来说 IP 地址是三层协议的内容，不应该出现在二层设备网桥上。但是，Linux 里网桥是通用网络设备抽象的一种，只要是网络设备就能够设定 IP 地址。当一个 bridge0 拥有 IP 后，Linux 便可以通过路由表或者 IP 表规则在三层定位 bridge0，此时相当于 Linux 拥有了另外一个隐藏的虚拟网卡和网桥的隐藏端口相连，这个网卡就是名为 bridge0 的通用网络设备，IP 可以看成是这个网卡的。当有符合此 IP 的数据到达 bridge0 时，内核协议栈认为收到了一个目标为本机的数据包，此时应用程序可以通过 Socket 接收它。一个更好的对比例子是现实世界中的带路由的交换机设备，它也拥有一个隐藏的 MAC 地址，供设备中的三层协议处理程序和管理程序使用。设备里的三层协议处理程序，对应名为 bridge0 的通用网络设备的三层协议处理程序，即宿主 Linux 系统内核协议栈程序。设备里的管理程序，对应 bridge0 宿主 Linux 系统里的应用程序。

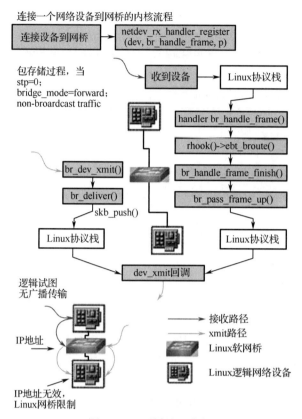

图 10.13　网桥处理流程

网桥的实现当前有一个限制：当一个设备被连接到网桥上时，该设备的 IP 会无效，Linux 不再使用该设备的 IP 在三层接收数据。举例如下：如果 eth0 本来的 IP 是 192.168.1.2，此时如果收到一个目标地址是 192.168.1.2 的数据包，Linux 的应用程序能通过 Socket 操作接收它。而当 eth0 被连接到一个 bridge0 时，尽管 eth0 的 IP 还在，但应用程序是无法接收上述数据的，此时应该把 IP 192.168.1.2 赋予 bridge0。

另外需要注意的是数据流的方向。对于一个被连接到网桥上的设备来说，只有它收到数据时，此数据包才会被转发到网桥上，进而完成查表广播等后续操作。当请求是发送类型时，数据是不会被转发到网桥上的，它会寻找下一个发送出口。

10.2.4　工作过程

1. 接收过程

网口设备接收到的报文最终通过 net_receive_skb() 函数被网络协议栈所接收。net_receive_skb(skb) 函数主要做以下三件事情：

（1）如果有抓包程序需要 skb，将 skb 复制给它们；

（2）处理桥接；

（3）将 skb 提交给网络层。

这里只关心第（2）步。那么，如何判断一个 skb 是否需要做桥接相关的处理呢？skb->dev 指向了接收这个 skb 的设备，如果这个 net_device 的 br_port 不为空（它指向一个 net_bridge_port

结构），则表示这个 net_device 正在被桥接，并且通过 net_bridge_port 结构中的 br 指针可以找到网桥设备的 net_device 结构。于是调用 br_handle_frame()函数，让桥接的代码来处理这个报文。如图 10.14 所示。

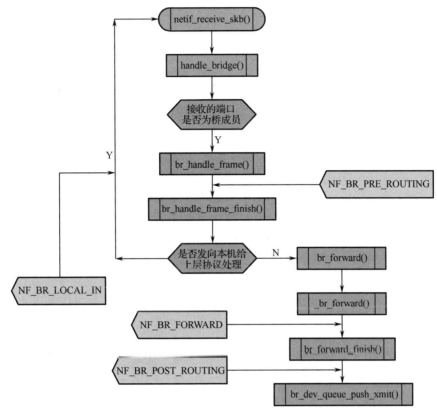

图 10.14　接收报文处理流程

当 br_handle_frame(net_bridge_port, skb)被调用时，如果 skb 的目的 MAC 地址与接收该 skb 的网口的 MAC 地址相同，则结束桥接处理过程（返回 net_receive_skb 函数后，这个 skb 将最终被提交给网络层）。否则调用 br_handle_frame_finish()函数将报文转发，然后释放 skb（返回 net_receive_skb()函数后，这个 skb 就不会往网络层提交了）。

当 br_handle_frame_finish(skb)被调用时，首先通过 br_fdb_update()函数更新网桥设备的地址，学习 hash 表中对应于 skb 的源 MAC 地址的记录（更新时间戳及其所指向的 net_bridge_port 结构）；如果 skb 的目的地址与本机的其他网口的 MAC 地址相同（但是与接收该 skb 的网口的 MAC 地址不同，否则在上一个函数就返回了），就调用 br_pass_frame_up()函数，该函数会将 skb->dev 替换成网桥设备的 dev，然后再调用 netif_receive_skb()函数来处理这个报文。此时，netif_receive_skb()函数被递归调用了，但是这一次却不会再触发网桥的相关处理函数，因为 skb->dev 已经被替换，skb->dev->br_port 已经是空了。所以，这一次 netif_receive_skb()函数最终会将 skb 提交给网络层；否则，通过 br_fdb_get()函数在网桥设备的地址学习 hash 表中查找 skb 的目的 MAC 地址所对应的 dev，如果找到（且通过其时间戳认定该记录未过期），则调用 br_forward()函数将报文转发给这个 dev；而如果找不到则调用 br_flood_forward()函数进行转发，该函数会遍历网桥设备中的 port_list，找到每一个绑定的 dev（除了与 skb->dev 相同的那个），然后调用 br_forward()函数将其转发。

当 br_forward(net_bridge_port, skb)被调用时，将 skb->dev 替换成将要进行转发的 dev，然后调用 br_forward_finish()函数，而后者又会调用 br_dev_queue_push_xmit()函数。最终，br_dev_queue_push_xmit()函数会调用 dev_queue_xmit()函数将报文发送出去。此时 skb->dev 已经被替换成进行转发的 dev 了，报文会从这个网口被转发出去。

2．发送过程

协议栈上层需要发送报文时，调用 dev_queue_xmit(skb)函数。如果这个报文需要通过网桥设备来发送，则 skb->dev 指向一个网桥设备。网桥设备没有使用发送队列（dev->qdisc 为空），所以 dev_queue_xmit()函数将直接调用 dev->hard_start_xmit()函数，而网桥设备的 hard_start_xmit()函数等于 br_dev_xmit()函数。

当 br_dev_xmit(skb, dev)函数被调用时，通过 br_fdb_get 函数在网桥设备的地址学习 hash 表中查找 skb 的目的 MAC 地址所对应的 dev，如果找到，则调用 br_deliver()函数将报文发送给这个 dev；而如果找不到则调用 br_flood_deliver()函数进行发送，该函数会遍历网桥设备中的 port_list，找到每一个绑定的 dev，然后调用 br_deliver()函数将其发送出去（此处逻辑与之前的转发类似）。

当 br_deliver(net_bridge_port, skb)函数被调用时，这个函数的逻辑与之前转发时调用的 br_forward()函数类似。先将 skb->dev 替换成将要进行转发的 dev，然后调用 br_forward_finish()函数。如前面所述，br_forward_finish()函数又会调用 br_dev_queue_push_xmit()函数，后者最终调用 dev_queue_xmit()函数将报文发送出去。

以上过程忽略了对于广播或多播 MAC 地址的处理。如果 MAC 地址是广播或多播地址，就向所有绑定的 dev 转发报文即可。

另外，关于地址学习的过期记录，专门有一个定时器周期性地调用 br_fdb_cleanup()函数来将它们清除。

10.2.5 生成树协议

对于网桥来说，报文的转发、地址学习其实都是很简单的事情。在简单的网络环境中，这就已经足够了。

而对于复杂的网络环境，往往需要对数据通路预留一定的冗余，以便当网络中某个交换机出现故障或交换机的某个网口出现故障时，整个网络还能够正常使用。

那么，假设在如图 10.11 所示的网络拓扑中增加一条冗余的连接，看看会发生什么事情，如图 10.15 所示。

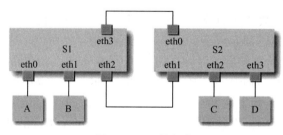

图 10.15　网络拓扑

假设交换机 S1 和 S2 都是刚刚启动（没有学习到任何地址），此时主机 C 向 B 发送一个报文。交换机 S2 的 eth2 口收到报文，将其转发到 eth0、eth1、eth3，并且记录下"主机 C 由 eth2 接入"。交换机 S1 在其 eth2 和 eth3 口都会收到报文，eth2 口收到的报文又会从 eth3 口（及其他口）转发出去，eth3 口收到的报文也会从 eth2 口（及其他口）转发出去。于是交换机 S2 的 eth0、eth1 口又将再次收到这个报文，报文的源地址还是主机 C。于是 S2 相继更新学习到的地址，记录下"主机 C 由 eth0 接入"，然后又更新为"主机 C 由 eth1 接入"。然后报文又继续被转发给交换机 S1，S1 又会转发回 S2，形成一个回路。周而复始，并且每一次轮回还会导致报文被复制给其他网口，最终形成网络风暴，整个网络可能就瘫痪了。

可见，之前讨论的交换机是不能在这样的带有环路的拓扑结构中使用的。但是，如果想给网络添加一定的冗余连接，则又必定会存在环路，这该怎么办呢？

IEEE 规范定义了生成树协议（Spanning Tree Protocol，STP），如果网络拓扑中的交换机支持这种协议，则它们会通过 BPDU 报文（Bridge Protocol Data Unit，网桥协议数据单元）进行通信，相互协调，暂时阻塞掉某些交换机的某些网口，使得网络拓扑不存在环路，成为一个树形结构。而当网络中某些交换机出现故障时，这些被暂时阻塞掉的网口又会重新启用，以保持整个网络的连通性。

由一个带有环路的图生成一棵树的算法是很简单的，但是，网络中的每一台交换机都不知道确切的网络拓扑，并且网络拓扑还可能动态地改变。要通过交换机间的信息传递（传递 BPDU 报文）来生成这么一棵树，那就不是一件简单的事情了。下面介绍生成树协议的工作过程。

1．确定树根节点

要生成一棵树，第一步是确定树根。STP 协议规定，只有作为树根节点的交换机才能发送 BPDU 报文，以协调其他交换机。当一台交换机启动时，它不知道谁是树根，则会把自己当作树根，从它的各个网口发出 BPDU 报文。BPDU 报文可以说是表明发送者身份的报文，里面含有一个"root_id"，也就是发送者的 ID（发送者都认为自己就是树根）。这个 ID 由两部分组成，优先级+MAC 地址。ID 越小则该交换机越重要，越应该被任命为树根。ID 中的优先级是由网络管理员来指定的，当然性能越好的交换机应该被指定为越高的优先级（即越小的值）。两个交换机的 ID 比较，首先比较的就是优先级。而如果优先级相同，则比较其 MAC 地址。就好比两个人地位相当，只好按姓氏笔画排列了。而交换机的 MAC 地址是全世界唯一的，所以交换机 ID 不会相同。

一开始，各个交换机都自以为自己是树根，都发出了 BPDU 报文，并在其中表明了自己的身份。而各个交换机自然也会收到来自其他交换机的 BPDU 报文，如果发现别人的 ID 更小（优先级更高），这时将收到的带有更高优先级的 BPDU 报文转发，让其他人也知道有这个高优先级的交换机存在。最终，所有交换机会达成共识，知道网络中有一个 ID 为××××的交换机，它才是树根。

2．确定上行口

确定了树根节点，也就确定了网络拓扑的最顶层。而其他交换机则需要确定自己的某个网口，作为其向上（树根方向）转发报文的网口（上行口）。想一想，如果一个交换机有多个上行口，则网络拓扑必然会存在回路。所以，一个交换机的上行口有且只有一个。那么这个唯一的上行口怎么确定呢？方法是取各个网口中到树根节点的开销最小的那一个。

上面说到，树根节点发出的 BPDU 报文会被其他交换机所转发，最终每个交换机的某些网口会收到这个 BPDU。BPDU 中还有三个字段："到树根的开销""交换机 ID""网口 ID"。交换机在转发 BPDU 时，会更新这三个字段，把"交换机 ID"更新为自己的 ID，把"网口 ID"更新为转发该 BPDU 的那个网口的编号，而"到树根的开销"则被增加一定的值（根据实际的转发开销，由交换机自己决定，可能是个大概值）。树根最初发出的 BPDU，"到树根的开销"为 0，每转发一次，该字段就被增加相应的开销值。

假设树根发出了一个 BPDU，由于转发，一个交换机的同一个网口可能会多次收到这个 BPDU 报文的复本。这些复本可能经过了不同的转发路径才来到这个网口，因此有着不同的"到树根的开销""交换机 ID""网口 ID"。这三个字段的值越小，表示按照该 BPDU 转发的路径到达树根的开销越小，就认为该 BPDU 的优先级越高。交换机会记录下在其每一个网口上收到的优先级最高的 BPDU，并且只有当一个网口当前收到的这个 BPDU 比它所记录的 BPDU（也就是曾经收到的优先级最高的 BPDU）的优先级还要高时，这个交换机才会将该 BPDU 报文由其他网口转发出去。最后，比较各个网口所记录的 BPDU 的优先级，最高者被作为交换机的上行口。

3. 确定需要被阻塞的下行口

交换机除了其上行口之外的其他网口都是下行口。交换机的上行路径不会存在环路，因为交换机都只有唯一的上行口。

而不同交换机的多个下行口有可能是相互连通的，会形成环路（这些下行口也不一定是直接相连的，可能是由物理层的转发设备将多个交换机的多个下行口连在一起）。生成树协议的最后一道工序就是在这一组相互连通的下行口中选择一个让其转发报文，其他网口都被阻塞，由此消除存在的环路。而那些没有与其他下行口相连的下行口则不在考虑之列，它们不会引起环路，都照常转发。

不过，既然下行口两两相连会产生回路，是不是把这些相连的下行口都阻塞就好了呢？前面提到过可能存在物理层设备将多个网口同时连在一起的情况（如集线器 Hub，尽管现在已经很少用了），如图 10.16 所示。

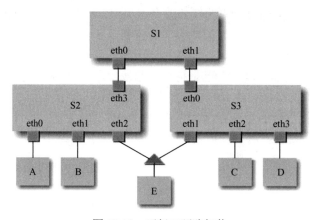

图 10.16　下行口环路拓扑

假设交换机 S2 的 eth2 口和交换机 S3 的 eth1 口是互相连通的两个下行口，如果武断地将这两个网口都阻塞，则主机 E 就被断网了。所以，这两个网口还必须留下一个来提供报文转发服务。那么对于一组相互连通的下行口，该选择谁来作为这个唯一能转发报文的网口呢？

上面说到，每个交换机在收到优先级最高的 BPDU 时都会将其转发。转发的时候，"到树根的开销""交换机 ID""网口 ID"都会被更新。于是对于一组相互连通的下行口，从谁那里转发出来的 BPDU 优先级最高，就说明从它到达树根的开销最小，这个网口就可以继续转发报文，而其他网口都被阻塞。

从实现上来说，每个网口需记录下自己转发出去的 BPDU 的优先级是多少。如果其没有收到比该优先级更高的 BPDU（没有与其他下行口相连，收不到 BPDU；或者与其他下行口相连，但是收到的 BPDU 优先级较低），则网口可以转发，否则网口被阻塞。

经过交换机之间的这一系列 BPDU 报文交换，生成树完成。然而网络拓扑也可能因为一些人为因素（如网络调整）或非人为因素（如交换机故障）而发生改变，于是生成树协议中还定义了很多机制来检测这种改变，而后触发新一轮的 BPDU 报文交换，形成新的生成树。

10.3　实验　自定义隔离的虚拟网络

1．实验目的

（1）能够理解 KVM 隔离网络；
（2）能够使用 virt-manager 创建隔离网络；
（3）能够使用"brctl"命令查看 Linux 网桥。

2．实验内容

（1）使用 virt-manager 创建隔离网络；
（2）更改虚拟机的网络类型，使用新创建的网络；
（3）使用"brctl"命令查看网桥。

3．实验原理

隔离网络就是把所有的虚拟机都连接到一个交换机上。但是在 KVM 中，这个交换机还要连接一个名字叫作 virbr1-nic 的虚拟网卡，然后宿主机可以和隔离环境中的虚拟机通信。

4．实验环境

（1）Windows 操作系统环境，并且安装了 PuTTY、Xming 软件；
（2）CentOS 7 操作系统，并且安装了 QEMU-KVM、gnome-desktop、virtualization-client、virt-manager、libvirt 以及 brctl（文件名/usr/sbin/brctl）；
（3）KVM 服务器上需要有 1 台虚拟机，并且操作系统是 cirros-0.4.0-x86_64-disk.img。

5．实验步骤

（1）实验环境准备。
首先查看当前活跃的虚拟机，命令和执行结果如下所示：

```
[root@KVM ~]# virsh list --all
 Id    Name                          State
--------------------------------------------------
 24    cirros                        running
```

接着查看网络情况,命令和执行结果如下所示(发现只有默认网络):

```
[root@KVM ~]# virsh net-list
 Name              State      Autostart     Persistent
--------------------------------------------------------
 default           active     yes           yes
```

(2)使用 virt-manager 创建隔离网络。

在本步骤中,将使用 virt-manager 图形化工具来创建自定义的隔离网络。首先打开 virt-manager 图形化界面,命令如下:

```
[root@KVM ~]# virt-manager
```

在 virt-manager 界面依次单击"Edit"→"Connection Details"→"Virtual Networks",打开虚拟网络界面,单击左下角的新建按钮,如图 10.17 所示。

图 10.17　显示网络

打开新建虚拟网络对话框,输入网络名称 network2,单击"Forward"按钮,如图 10.18 所示。

在之后的界面中勾选"Enable IPv4 network address space definition"和"Enable DHCPv4"复选框,并输入网络 IP 地址段,以及 DHCP 可分配的 IP 地址范围。为了方便实验对比,将 IP 地址段设为 192.168.123.0/24,DHCP 的 IP 地址范围设为 192.168.123.128～192.168.123.254,然后单击"Forward"按钮,如图 10.19 所示。

本次实验不需要开启 IPv6,所以直接单击"Forward"按钮,如图 10.20 所示。

在之后的界面中勾选"Isolated virtual network"复选框,创建隔离网络,输入 DNS 域名称 network2,单击"Finish"按钮,如图 10.21 所示。

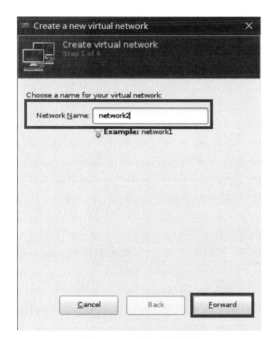

图 10.18　输入网络名称

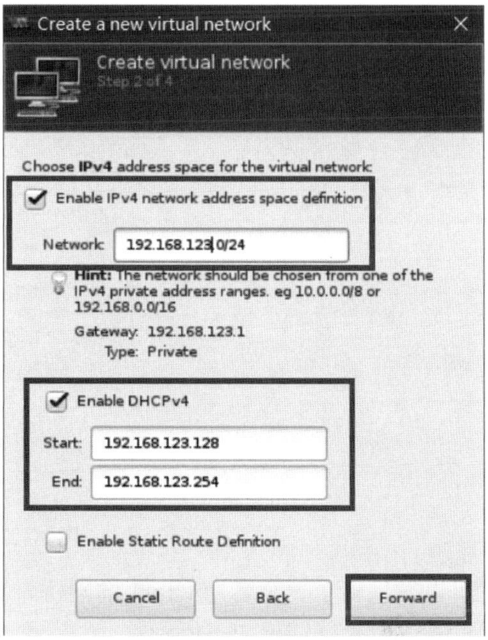

图 10.19　设置网络 IP

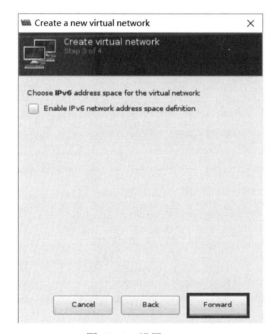

图 10.20　设置 IPv6

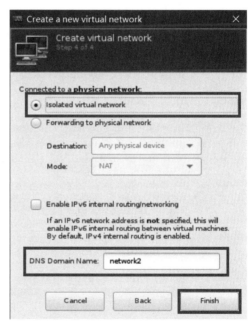

图 10.21　选择网络类型

然后就可以在虚拟网络界面中看到新的隔离虚拟网络，如图 10.22 所示。

在创建虚拟网络的同时也创建了一个新的网桥，可以通过 brctl 工具查看网桥列表。命令以及执行结果如下所示：

```
[root@KVM ~]# brctl show
bridge name     bridge id          STP enabled    interfaces
virbr0          8000.525400531e05  yes            virbr0-nic
virbr1          8000.525400b7799e  yes            virbr1-nic
```

图 10.22　显示网络

可以发现多了一个名为 virbr1 的网桥，其对应的接口为 virbr1-nic。然后查看网络接口信息，命令以及执行结果如下所示：

```
[root@KVM ~]# ifconfig -a
ens33: flags=4163<UP,BROADCAST,RUNNING,MULTICAST>  mtu 1500
        inet 192.168.10.132  netmask 255.255.255.0  broadcast 192.168.10.255
        inet6 fe80::7817:803d:b81d:a377  prefixlen 64  scopeid 0x20<link>
        ether 00:0c:29:87:3e:35  txqueuelen 1000  (Ethernet)
        RX packets 524766  bytes 255153302 (243.3 MiB)
        RX errors 0  dropped 0  overruns 0  frame 0
        TX packets 943345  bytes 1603867606 (1.4 GiB)
        TX errors 0  dropped 0  overruns 0  carrier 0  collisions 0

lo: flags=73<UP,LOOPBACK,RUNNING>  mtu 65536
        inet 127.0.0.1  netmask 255.0.0.0
        inet6 ::1  prefixlen 128  scopeid 0x10<host>
        loop  txqueuelen 1000  (Local Loopback)
        RX packets 561849  bytes 929470556 (886.4 MiB)
        RX errors 0  dropped 0  overruns 0  frame 0
        TX packets 561849  bytes 929470556 (886.4 MiB)
        TX errors 0  dropped 0  overruns 0  carrier 0  collisions 0

virbr0: flags=4163<UP,BROADCAST,RUNNING,MULTICAST>  mtu 1500
        inet 192.168.122.1  netmask 255.255.255.0  broadcast 192.168.122.255
        ether 52:54:00:d3:e9:7f  txqueuelen 1000  (Ethernet)
        RX packets 315  bytes 24804 (24.2 KiB)
        RX errors 0  dropped 0  overruns 0  frame 0
        TX packets 221  bytes 21566 (21.0 KiB)
        TX errors 0  dropped 0  overruns 0  carrier 0  collisions 0

virbr1: flags=4099<UP,BROADCAST,MULTICAST>  mtu 1500
        inet 192.168.123.1  netmask 255.255.255.0  broadcast 192.168.123.255
        ether 52:54:00:64:b8:aa  txqueuelen 1000  (Ethernet)
        RX packets 0  bytes 0 (0.0 B)
        RX errors 0  dropped 0  overruns 0  frame 0
        TX packets 0  bytes 0 (0.0 B)
        TX errors 0  dropped 0  overruns 0  carrier 0  collisions 0
```

```
virbr0-nic: flags=4098<BROADCAST,MULTICAST>  mtu 1500
        ether 52:54:00:d3:e9:7f  txqueuelen 1000  (Ethernet)
        RX packets 0  bytes 0 (0.0 B)
        RX errors 0  dropped 0  overruns 0  frame 0
        TX packets 0  bytes 0 (0.0 B)
        TX errors 0  dropped 0  overruns 0  carrier 0  collisions 0

virbr1-nic: flags=4098<BROADCAST,MULTICAST>  mtu 1500
        ether 52:54:00:64:b8:aa  txqueuelen 1000  (Ethernet)
        RX packets 0  bytes 0 (0.0 B)
        RX errors 0  dropped 0  overruns 0  frame 0
        TX packets 0  bytes 0 (0.0 B)
        TX errors 0  dropped 0  overruns 0  carrier 0  collisions 0

vnet0: flags=4163<UP,BROADCAST,RUNNING,MULTICAST>  mtu 1500
        inet6 fe80::fc54:ff:feaa:eea2  prefixlen 64  scopeid 0x20<link>
        ether fe:54:00:aa:ee:a2  txqueuelen 1000  (Ethernet)
        RX packets 134  bytes 12795 (12.4 KiB)
        RX errors 0  dropped 0  overruns 0  frame 0
        TX packets 10093  bytes 530612 (518.1 KiB)
        TX errors 0  dropped 0  overruns 0  carrier 0  collisions 0
```

virbr1 网桥所对应的接口（virbr1-nic）的信息如下所示：

```
virbr1-nic: flags=4098<BROADCAST,MULTICAST>  mtu 1500
        ether 52:54:00:64:b8:aa  txqueuelen 1000  (Ethernet)
        RX packets 0  bytes 0 (0.0 B)
        RX errors 0  dropped 0  overruns 0  frame 0
        TX packets 0  bytes 0 (0.0 B)
        TX errors 0  dropped 0  overruns 0  carrier 0  collisions 0
```

接下来启动一台 cirros 虚拟机，cirros 的用户名为 "cirros"，密码为 "gocubsgo"，登录后执行 "ip a" 命令，结果如图 10.23 所示。

图 10.23　查看虚拟机 IP

因为现在所使用的网络连接为 default，所以 IP 地址为 192.168.122.240。下面将虚拟机的网络连接改为刚刚创建的隔离网络 network2。

在虚拟机界面单击显示虚拟网络详情按钮，如图 10.24 所示。

打开 virt-manager 图形化界面，更改 cirros 虚拟机的设置，将网络连接改为 network2，然后单击 "Apply" 按钮，如图 10.25 所示。

更改后回到 cirros 桌面，输入 "sudo ifdown eth0" 命令关闭网卡，然后再输入 "sudo ifup eth0" 命令启动网卡，此时虚拟机会重新获取 IP 地址，如图 10.26 所示。可以看到，IP 地址变为 192.168.123.144。

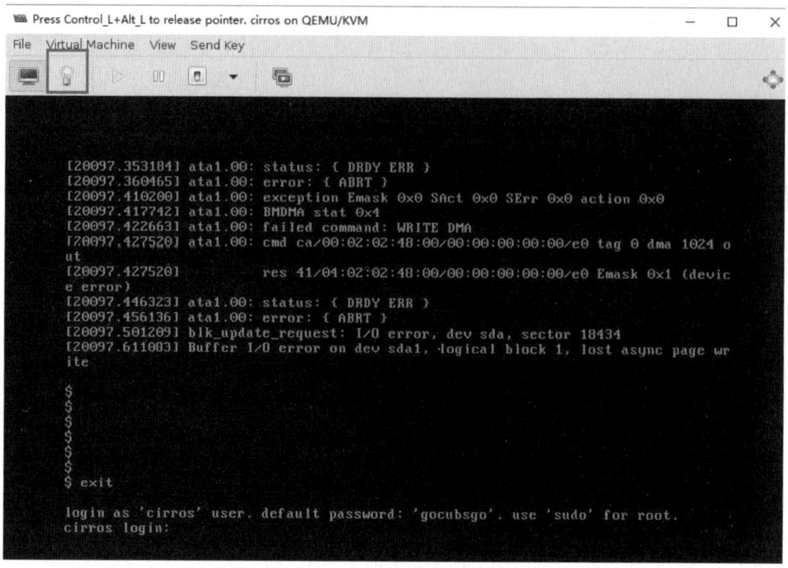

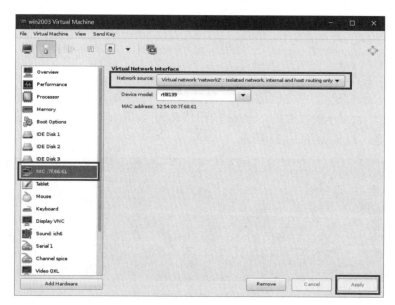

图 10.24　虚拟机配置

图 10.25　修改虚拟机网络

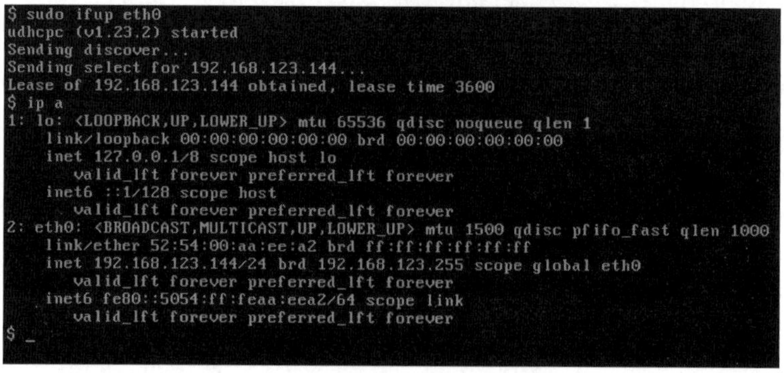

图 10.26　查看 IP 地址

（3）实验验证。

再次查看网桥列表和网络列表，命令以及执行结果如下（可以看到出现了 networks2 网络）：

```
[root@KVM ~]# brctl show
bridge name     bridge id               STP enabled     interfaces
virbr0          8000.525400531e05       yes             virbr0-nic
virbr1          8000.525400b7799e       yes             virbr1-nic
                                                        vnet0

[root@KVM ~]# virsh net-list
Name                State       Autostart       Persistent
----------------------------------------------------------------
default             active      yes             yes
network2            active      yes             yes
```

10.4　实验　基于 NAT 的虚拟网络

1. 实验目的

（1）能够理解 KVM 的 NAT 网络；
（2）能够使用命令创建 NAT 网络。

2. 实验内容

（1）使用"iptables"命令查看 NAT 规则；
（2）使用相关命令创建 NAT 网络；
（3）使用"brctl"命令查看网桥。

3. 实验原理

NAT 模式原理：网络地址转换，将内网 IP 数据包包头中的源 IP 地址转换为一个外网的 IP 地址，因此内部 IP 对外是不可见的，隐藏了内部结构，更加安全。但对外提供服务则有其局限性，目前通常采用 iptables 工具进行端口映射解决。如图 10.27 所示。

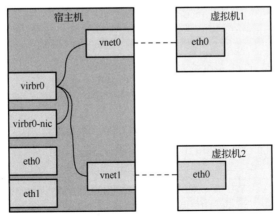

图 10.27　NAT 网络

4．实验环境

（1）Windows 操作系统环境，并且安装了 PuTTY、Xming 软件；

（2）CentOS 7 操作系统，并且安装了 QEMU-KVM、gnome-desktop、virtualization-client、virt-manager、libvirt 以及 brctl（yum install /usr/sbin/brctl）；

（3）KVM 服务器上需要有 1 台虚拟机，并且操作系统是 cirros-0.4.0-x86_64-disk.img。

5．实验步骤

（1）检查实验环境。

在本步骤中，将检查当前的实验环境，包括：检查当前的网络设置，检查当前网络接口。

首先使用"virsh"命令检查当前网络设置，命令以及执行结果如下所示：

```
[root@localhost ~]# virsh net-list --all
Name                 State      Autostart     Persistent
----------------------------------------------------------
default              active     yes           yes
network2             active     yes           yes
```

可以看到，default 是宿主机安装虚拟机支持模块的时候自动安装的。接下来检查当前的网络接口，命令以及检查结果如下所示：

```
[root@localhost ~]# ifconfig -a
ens33: flags=4163<UP,BROADCAST,RUNNING,MULTICAST>  mtu 1500
        inet 192.168.10.133  netmask 255.255.255.0  broadcast 192.168.10.255
        inet6 fe80::20c:29ff:fe87:3e35  prefixlen 64  scopeid 0x20<link>
        ether 00:0c:29:87:3e:35  txqueuelen 1000  (Ethernet)
        RX packets 275832  bytes 25472502 (24.2 MiB)
        RX errors 0  dropped 0  overruns 0  frame 0
        TX packets 437999  bytes 903466762 (861.6 MiB)
        TX errors 0  dropped 0  overruns 0  carrier 0  collisions 0

lo: flags=73<UP,LOOPBACK,RUNNING>  mtu 65536
        inet 127.0.0.1  netmask 255.0.0.0
        inet6 ::1  prefixlen 128  scopeid 0x10<host>
        loop  txqueuelen 1000  (Local Loopback)
        RX packets 225236  bytes 491276172 (468.5 MiB)
        RX errors 0  dropped 0  overruns 0  frame 0
        TX packets 225236  bytes 491276172 (468.5 MiB)
        TX errors 0  dropped 0  overruns 0  carrier 0  collisions 0

virbr0: flags=4099<UP,BROADCAST,MULTICAST>  mtu 1500
        inet 192.168.122.1  netmask 255.255.255.0  broadcast 192.168.122.255
        ether 52:54:00:d3:e9:7f  txqueuelen 1000  (Ethernet)
        RX packets 0  bytes 0 (0.0 B)
        RX errors 0  dropped 0  overruns 0  frame 0
        TX packets 0  bytes 0 (0.0 B)
        TX errors 0  dropped 0  overruns 0  carrier 0  collisions 0

virbr1: flags=4099<UP,BROADCAST,MULTICAST>  mtu 1500
        inet 192.168.123.1  netmask 255.255.255.0  broadcast 192.168.123.255
        ether 52:54:00:64:b8:aa  txqueuelen 1000  (Ethernet)
        RX packets 0  bytes 0 (0.0 B)
        RX errors 0  dropped 0  overruns 0  frame 0
        TX packets 0  bytes 0 (0.0 B)
        TX errors 0  dropped 0  overruns 0  carrier 0  collisions 0
```

```
virbr0-nic: flags=4098<BROADCAST,MULTICAST>  mtu 1500
        ether 52:54:00:d3:e9:7f  txqueuelen 1000  (Ethernet)
        RX packets 0  bytes 0 (0.0 B)
        RX errors 0  dropped 0  overruns 0  frame 0
        TX packets 0  bytes 0 (0.0 B)

        TX errors 0  dropped 0  overruns 0  carrier 0  collisions 0

virbr1-nic: flags=4098<BROADCAST,MULTICAST>  mtu 1500
        ether 52:54:00:64:b8:aa  txqueuelen 1000  (Ethernet)
        RX packets 0  bytes 0 (0.0 B)
        RX errors 0  dropped 0  overruns 0  frame 0
        TX packets 0  bytes 0 (0.0 B)
        TX errors 0  dropped 0  overruns 0  carrier 0  collisions 0
```

其中，virbr0 是由宿主机虚拟机支持模块安装时产生的虚拟网络接口，也是一个网桥，负责把内容分发到各虚拟机。从如图 10.27 所示的实验拓扑图可以看出，虚拟接口和物理接口之间没有连接关系，所以虚拟机只能通过虚拟的网络访问外部世界，无法从网络上定位和访问虚拟主机。virbr0 也是一个桥接器，接收所有到网络 192.168.122.* 的内容，可以通过查看网桥对应目标 IP 地址来验证。查看网桥信息的命令以及执行结果如下所示：

```
[root@localhost ~]# brctl show
bridge name     bridge id               STP enabled     interfaces
virbr0          8000.525400d3e97f       yes             virbr0-nic
virbr1          8000.52540064b8aa       yes             virbr1-nic
```

接着查看网络路由表，命令以及执行结果如下所示：

```
[root@localhost ~]# route -n
Kernel IP routing table
Destination     Gateway         Genmask         Flags Metric Ref    Use Iface
0.0.0.0         192.168.10.2    0.0.0.0         UG    0      0        0 ens33
169.254.0.0     0.0.0.0         255.255.0.0     U     1002   0        0 ens33
192.168.10.0    0.0.0.0         255.255.255.0   U     0      0        0 ens33
192.168.122.0   0.0.0.0         255.255.255.0   U     0      0        0 virbr0
192.168.123.0   0.0.0.0         255.255.255.0   U     0      0        0 virbr1
```

（2）向虚拟机添加新的网络。

此处将使用 virt-manager 图形化工具向虚拟机中添加新的网络设备。

在 NAT 模式下，主机的网络配置的实质就是 netfilter 防火墙规则和绑定到虚拟桥接网卡的 dnsmasq DHCP 服务器的配置，其余的工作如配置虚拟桥接网卡，都由 KVM 系统完成。除了端口转发须手动设置外，其余的防火墙规则也都会由 KVM 自动创建，虚拟机支持模块会修改 iptables 规则，可使用 "iptables" 命令查看防火墙规则。命令以及执行结果如下所示：

```
[root@localhost ~]# iptables -L -t nat
Chain PREROUTING (policy ACCEPT)
target     prot opt source                destination
PREROUTING_direct  all -- anywhere        anywhere
PREROUTING_ZONES_SOURCE  all -- anywhere  anywhere
PREROUTING_ZONES  all -- anywhere         anywhere

Chain INPUT (policy ACCEPT)
target     prot opt source                destination

Chain OUTPUT (policy ACCEPT)
target     prot opt source                destination
OUTPUT_direct  all -- anywhere            anywhere
```

```
Chain POSTROUTING (policy ACCEPT)
target      prot opt source              destination
RETURN      all -- 192.168.122.0/24      base-address.mcast.net/24
RETURN      all -- 192.168.122.0/24      255.255.255.255
MASQUERADE  tcp -- 192.168.122.0/24      !192.168.122.0/24      masq ports:
1024-65535
MASQUERADE  udp -- 192.168.122.0/24      !192.168.122.0/24      masq ports:
1024-65535
MASQUERADE  all -- 192.168.122.0/24      !192.168.122.0/24
POSTROUTING_direct all -- anywhere             anywhere
POSTROUTING_ZONES_SOURCE all -- anywhere       anywhere
POSTROUTING_ZONES all -- anywhere              anywhere
```

还可以通过配置文件来查看 NAT 方式的 DHCP 地址池，该配置文件为/etc/libvirt/qemu/networks/default.xml。命令以及执行结果如下所示：

```
[root@localhost ~]# cat /etc/libvirt/qemu/networks/default.xml
<!--
WARNING: THIS IS AN AUTO-GENERATED FILE. CHANGES TO IT ARE LIKELY TO BE
OVERWRITTEN AND LOST. Changes to this xml configuration should be made using:
 virsh net-edit default
or other application using the libvirt API.
-->

<network>
  <name>default</name>
  <uuid>e57c5a14-79c3-4e57-a21d-d7689a941176</uuid>
  <forward mode='nat'/>
  <bridge name='virbr0' stp='on' delay='0'/>
  <mac address='52:54:00:d3:e9:7f'/>
  <ip address='192.168.122.1' netmask='255.255.255.0'>
    <dhcp>
      <range start='192.168.122.2' end='192.168.122.254'/>
    </dhcp>
  </ip>
</network>
```

也可以使用"virsh"命令来查看，命令以及执行结果如下所示：

```
[root@localhost ~]# virsh net-dumpxml default
<network>
  <name>default</name>
  <uuid>e57c5a14-79c3-4e57-a21d-d7689a941176</uuid>
  <forward mode='nat'>
    <nat>
      <port start='1024' end='65535'/>
    </nat>
  </forward>
  <bridge name='virbr0' stp='on' delay='0'/>
  <mac address='52:54:00:d3:e9:7f'/>
  <ip address='192.168.122.1' netmask='255.255.255.0'>
    <dhcp>
      <range start='192.168.122.2' end='192.168.122.254'/>
    </dhcp>
  </ip>
</network>
```

通过上面的内容可以看出，目前 NAT 使用的 IP 地址池是 192.168.122.2～192.168.122.254，

网关为 192.168.122.1，子网掩码为 255.255.255.0。

可以创建名为"management"的 NAT 网络，首先创建 XML 配置文件，命令以及执行结果如下：

```
tee <<EOF >/usr/share/libvirt/networks/management.xml
<network>
  <name>management</name>
  <bridge name="virbr2"/>
  <forward/>
  <ip address="10.0.0.1" netmask="255.255.255.0">
    <dhcp>
      <range start="10.0.0.2" end="10.0.0.254"/>
    </dhcp>
  </ip>
</network>
EOF
```

直接复制以下命令粘贴到终端中，如图 10.28 所示。

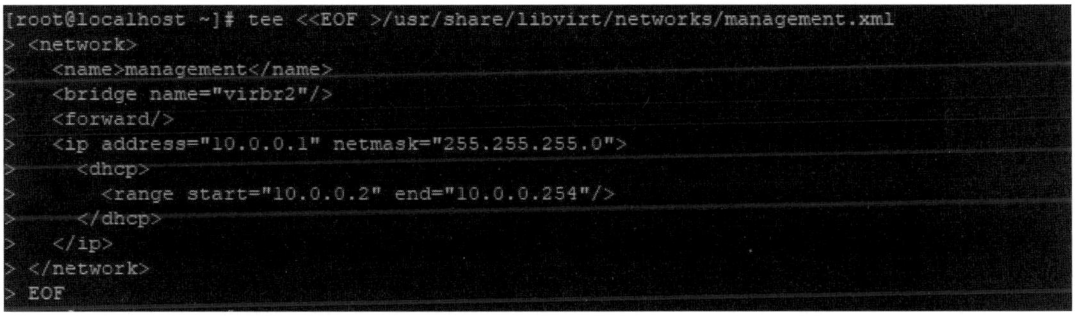

图 10.28　创建配置文件

接着启用新建的 NAT 网络，命令以及执行结果如下所示：

```
[root@localhost             ~]#              virsh            net-define
/usr/share/libvirt/networks/management.xml   //定义配置文件
Network management defined from /usr/share/libvirt/networks/management.xml
[root@localhost ~]# virsh net-start management  //启动网络
Network management started

[root@localhost ~]# virsh net-autostart management   //设置为自启动
Network management marked as autostarted
```

启用新建的 NAT 网络后，可以使用"brctl show"和"virsh net-list"命令进行验证。命令以及执行结果如下：

```
[root@localhost ~]# brctl show
bridge name        bridge id              STP enabled       interfaces
virbr0             8000.525400d3e97f      yes               virbr0-nic
virbr1             8000.52540064b8aa      yes               virbr1-nic
virbr2             8000.525400c65c33      yes               virbr2-nic //刚刚创建的网桥
[root@localhost ~]# virsh net-list
 Name              State        Autostart      Persistent
-------------------------------------------------------------
 default           active       yes            yes
 management        active       yes            yes     //刚刚创建的网络
 network2          active       yes            yes
```

可以看到，出现了 virbr2 网桥和 management 网络。

接下来打开 virt-manager 图形化界面，命令如下：

```
[root@localhost ~]# virt-manager
```

然后选择虚拟机设置，为 cirros 虚拟机添加新的网络设备，网络源选择 management 网络，并单击"Finish"按钮，如图 10.29、图 10.30 和图 10.31 所示。

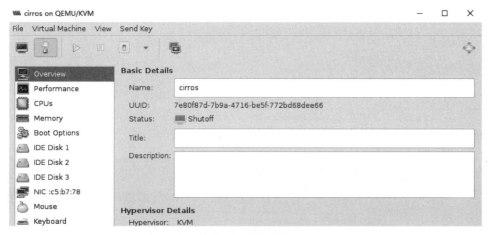

图 10.29　硬件详情

图 10.30　添加硬件

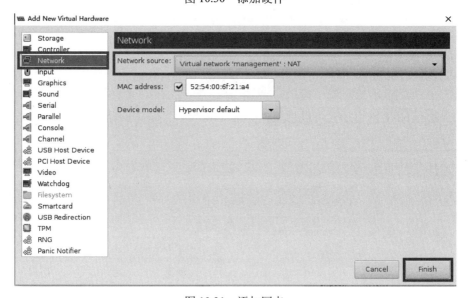

图 10.31　添加网卡

添加完成后，使用命令查看当前虚拟机的网卡，命令以及执行结果如下所示：

```
[root@localhost ~]# virsh domiflist cirros
Interface  Type      Source       Model      MAC
-------------------------------------------------------
-          network   default      rtl8139    52:54:00:c5:b7:78
-          network   management   rtl8139    52:54:00:6f:21:a4
```

可以看到，除了默认网络，还出现了 management 网络。

最后查看网卡对应的状态，命令以及执行结果如下所示：

```
[root@localhost ~]#  virsh domifstat cirros vnet0
vnet0 rx_bytes 664
vnet0 rx_packets 9
vnet0 rx_errs 0
vnet0 rx_drop 0
vnet0 tx_bytes 0
vnet0 tx_packets 0
vnet0 tx_errs 0
vnet0 tx_drop 0
[root@localhost ~]#  virsh domifstat cirros vnet1
vnet1 rx_bytes 786
vnet1 rx_packets 11
vnet1 rx_errs 0
vnet1 rx_drop 0
vnet1 tx_bytes 0
vnet1 tx_packets 0
vnet1 tx_errs 0
vnet1 tx_drop 0
```

（3）实验验证。

要验证本实验，首先查看网桥信息和网络信息，命令以及执行结果如下所示：

```
[root@localhost ~]# brctl show
bridge name     bridge id               STP enabled     interfaces
virbr0          8000.525400d3e97f       yes             virbr0-nic
                                                        vnet0   //虚拟机的网卡 0
virbr1          8000.52540064b8aa       yes             virbr1-nic
virbr2          8000.525400c65c33       yes             virbr2-nic
                                                        vnet1   //虚拟机的网卡 1
[root@localhost ~]# virsh net-list
 Name            State       Autostart   Persistent
---------------------------------------------------------
 default         active      yes         yes
 management      active      yes         yes
 network2        active      yes         yes
```

然后验证虚拟机的 IP 地址，命令以及执行结果如下所示：

```
[root@localhost ~]# arp -a
? (192.168.10.1) at 00:50:56:c0:00:08 [ether] on ens33
? (10.0.0.244) at 52:54:00:6f:21:a4 [ether] on virbr2    //可以看到这个是刚刚
创建的网桥
gateway (192.168.10.2) at 00:50:56:fd:82:bb [ether] on ens33
```

可以看到之前创建的网桥 virbr2 的 IP 地址。

由于 cirros 镜像没有办法修改其他网卡的网络类型，所以需要先删除之前的网卡，然后重启，让第二张网卡变成 eth0，结果如图 10.32 所示。

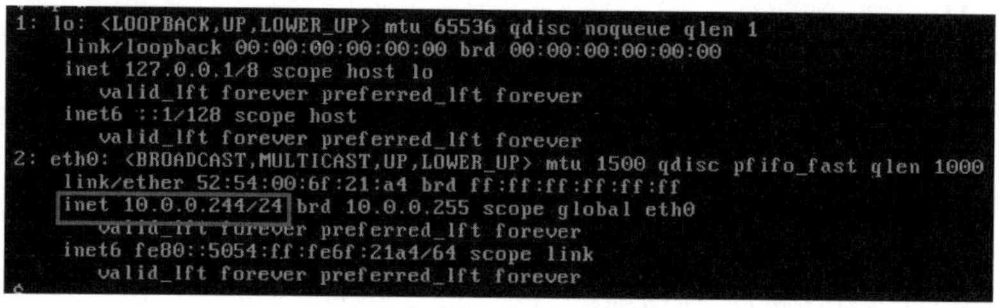

```
1: lo: <LOOPBACK,UP,LOWER_UP> mtu 65536 qdisc noqueue qlen 1
   link/loopback 00:00:00:00:00:00 brd 00:00:00:00:00:00
   inet 127.0.0.1/8 scope host lo
      valid_lft forever preferred_lft forever
   inet6 ::1/128 scope host
      valid_lft forever preferred_lft forever
2: eth0: <BROADCAST,MULTICAST,UP,LOWER_UP> mtu 1500 qdisc pfifo_fast qlen 1000
   link/ether 52:54:00:6f:21:a4 brd ff:ff:ff:ff:ff:ff
   inet 10.0.0.244/24 brd 10.0.0.255 scope global eth0
      valid_lft forever preferred_lft forever
   inet6 fe80::5054:ff:fe6f:21a4/64 scope link
      valid_lft forever preferred_lft forever
```

图 10.32   查看虚拟机 IP 地址

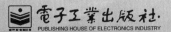